U0183139

西北工业大学精品学术著作
培育项目资助出版

计入轴向力影响的弹性梁弯曲变形和弯曲振动分析

张劲夫　编著

科学出版社
北　京

内 容 简 介

本书内容为弹性梁弯曲变形和弯曲振动的深化和扩展。本书介绍了需要计入轴向力影响的典型约束弹性梁的弯曲变形、弯曲振动的分析方法和相关算法，在此基础上，介绍了需要计入轴向力影响的具有大范围平面运动和大范围空间运动的弹性梁的动力学建模方法及求解其模型的相关算法。本书各章内容既相互联系又相对独立，读者可根据不同的需求，选择相应的内容进行学习和参考。

本书可供高等院校力学专业的研究生、教师和与力学研究相关的工程技术人员参考和学习。

图书在版编目(CIP)数据

计入轴向力影响的弹性梁弯曲变形和弯曲振动分析/张劲夫编著. —北京：科学出版社，2023.3

ISBN 978-7-03-074049-6

Ⅰ. ①计… Ⅱ. ①张… Ⅲ. ①弹性力学 Ⅳ. ①O343

中国版本图书馆 CIP 数据核字（2022）第 238121 号

责任编辑：杨 丹 / 责任校对：崔向琳
责任印制：张 伟 / 封面设计：迷底书装

科学出版社出版
北京东黄城根北街 16 号
邮政编码：100717
http://www.sciencep.com

北京科印技术咨询服务有限公司数码印刷分部印刷
科学出版社发行 各地新华书店经销

*

2023 年 3 月第 一 版 开本：720×1000 1/16
2024 年 9 月第三次印刷 印张：8 1/4
字数：162 000

定价：98.00 元

前　　言

工程中的许多细长构件的变形和振动可以看作是弹性梁的弯曲变形和弯曲振动，因此，研究弹性梁的弯曲变形和弯曲振动问题具有重要的实际意义。然而人们在研究弹性梁的弯曲变形和弯曲振动问题时，往往主要考虑作用在弹性梁上的横向力的影响，而忽略（或忽视）作用在其上的轴向力的影响。这种处理对于不承受轴向力或承受很小轴向力的弹性梁而言，是完全可行的。对于既承受横向力又承受较大轴向力的弹性梁而言，如果仍然忽略轴向力对弹性梁弯曲变形和弯曲振动所产生的影响，则会产生大的计算误差，甚至会出现错误的结果。因此，研究计入轴向力影响的弹性梁的弯曲变形和弯曲振动问题是非常必要的。

本书介绍了需要计入轴向力影响的典型弹性梁的弯曲变形和弯曲振动的分析方法和相关算法。各章内容安排如下：第 1 章介绍了两端被轴向固定的静不定梁在横向力作用下的弯曲变形的分析方法及相应算法。第 2 章首先介绍了悬臂梁在轴向力和横向力共同作用下的弯曲变形（包括小变形和大变形两种情形下的弯曲变形）的分析模型及相关算例；其次针对简支梁和一端固定、另一端简支的静不定梁在轴向力和横向力共同作用下的弯曲变形问题，分别建立了相应的挠曲线微分方程和挠曲线函数；再其次介绍了悬臂梁分别在横向随动载荷和随动偏心压力作用下的弯曲变形的分析方法及相关算法和算例；最后介绍了杆件在轴向压力和横向力共同作用下的正应力计算问题。第 3 章分别以弧形简支梁和弧形悬臂梁为例，介绍了分析这类梁弯曲变形的方法和有关算例。第 4 章分别针对作匀加速直线平移运动和匀速转动的悬臂梁的弯曲变形问题，建立了作上述两种运动的悬臂梁的挠曲线微积分方程及其挠曲线函数。第 5 章介绍了两端被轴向固定的静不定弹性梁的弯曲振动的分析方法及相关算法和算例。第 6 章介绍了重力场中的斜置悬臂梁的弯曲振动与弯曲变形的分析模型和相关算法。第 7 章介绍了活动铰支座一端连有拉伸弹簧的简支梁在横向力作用下的弯曲振动与弯曲变形的分析模型及相关算法和算例。第 8 章介绍了计入轴向力影响的末端带有集中质量的悬臂梁和简支梁的弯曲自由振动微分方程及确定其弯曲自由振动响应的算法和相关计算实例。第 9 章介绍了具有大范围平面运动的弹性悬臂梁的动力学模型、算法和相关算例。第 10 章介绍了具有大范围平面运动的铰接弹性梁的动力学建模及其有关计算实例。第 11 章介绍了具有大范围空间运动的等截面圆柱悬臂梁的动力学建模与计算的有关内容。上述各章内容的理论推导中均直接或间接地考虑了梁的轴向力对于梁的弯曲变形和弯曲振动所产生的影响，因此，各章所建立的分析模型和算法相对于未考虑上述影响因素的分析模型和算法而言，具有更高的分析精度和计算精度。

本书由西北工业大学精品学术著作培育项目资助出版，在此表示感谢。

限于编者的水平，书中难免存在不妥之处，敬请读者不吝指正。

张劲夫

2022 年 7 月于西安

目　　录

第 1 章　两端被轴向固定的静不定梁在横向力作用下的弯曲变形

两端均为固定端约束的静不定梁如图 1.0.1 所示；两端均为固定圆柱铰链约束的静不定梁如图 1.0.2 所示；一端为固定端约束、另一端为固定圆柱铰链约束的静不定梁如图 1.0.3 所示。这三类梁的共同特征是梁的两端均被轴向固定，而且它们都属于静不定梁，因此上述三类梁统称为两端被轴向固定的静不定梁。这种两端被轴向固定的静不定梁在外力作用下发生弯曲变形时，梁的轴线会被拉长，在梁的两端和梁内必然会出现相应的轴向拉力，而这种轴向拉力又会对梁的弯曲变形产生显著的抑制作用。因此，在研究两端被轴向固定的静不定梁的弯曲变形时，必须计入这种轴向拉力的影响。本章介绍计入这种轴向力影响的两端被轴向固定的静不定梁的弯曲变形的数学模型及其计算的相关内容。

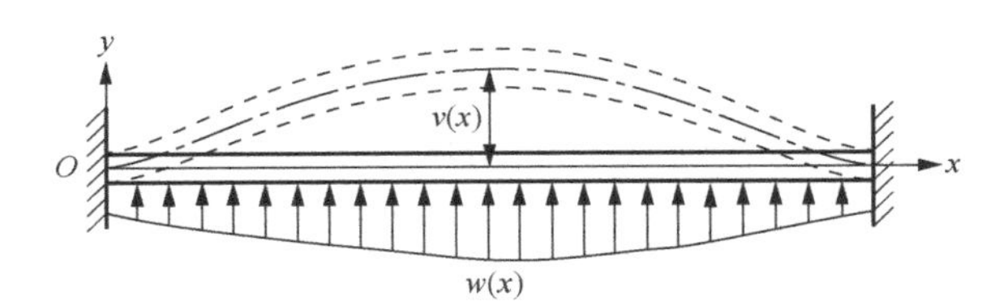

图 1.0.1　两端均为固定端约束的静不定梁

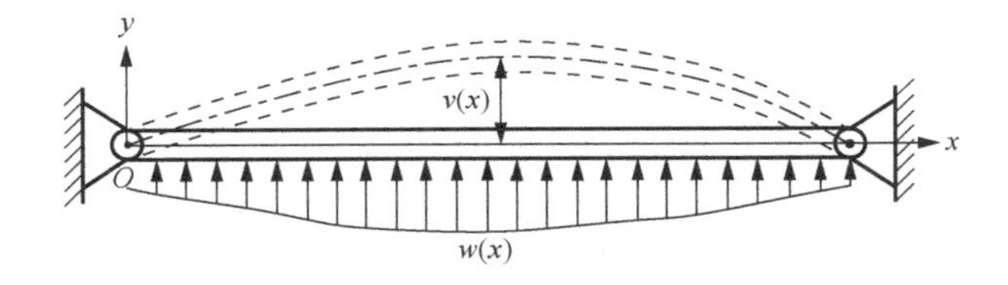

图 1.0.2　两端均为固定圆柱铰链约束的静不定梁

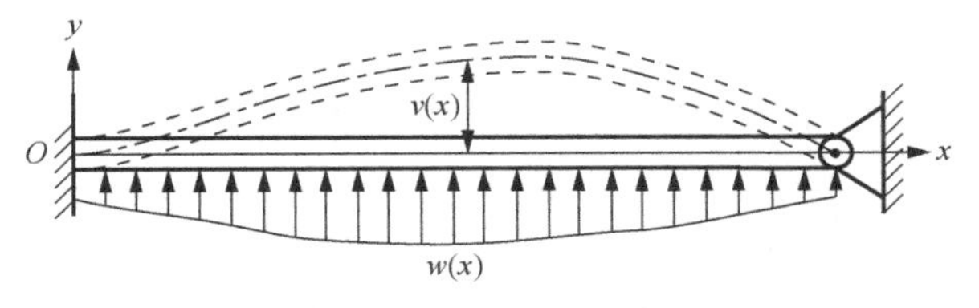

图 1.0.3　一端为固定端约束、另一端为固定圆柱铰链约束的静不定梁

1.1 两端被轴向固定的静不定梁在横向力作用下弯曲变形的数学模型

两端被轴向固定的静不定梁主要包括如图 1.0.1、图 1.0.2 和图 1.0.3 所示的三类梁，下面研究这三类梁在横向分布力作用下的弯曲变形问题（图中 $w(x)$ 表示载荷集度，$v(x)$ 表示梁的挠度）。为了导出梁的挠曲线方程，特取梁微段 $\mathrm{d}x$ 为研究对象，其受力如图 1.1.1 所示，图中 N、Q 和 M 分别为作用在梁微段左端面的轴力、剪力和弯矩，θ 为梁微段左端面的转角。为了符号推导的方便性，图中的轴力、剪力、弯矩、挠度和截面转角都被假定为正值。由静力学平衡方程 $\sum F_y = 0$ 得到

$$w\mathrm{d}x - N\sin\theta + Q\cos\theta + (N+\mathrm{d}N)\sin(\theta+\mathrm{d}\theta) - (Q+\mathrm{d}Q)\cos(\theta+\mathrm{d}\theta) = 0 \quad (1.1.1)$$

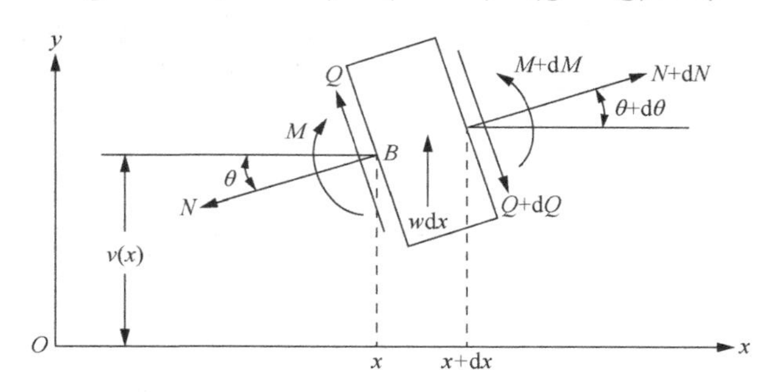

图 1.1.1 两端被轴向固定的静不定梁的梁微段受力图

在梁的小变形情形下，有

$$\sin\theta \approx \theta \quad (1.1.2)$$

$$\cos\theta \approx 1 \quad (1.1.3)$$

$$\sin(\theta+\mathrm{d}\theta) \approx \theta + \mathrm{d}\theta \quad (1.1.4)$$

$$\cos(\theta+\mathrm{d}\theta) \approx 1 \quad (1.1.5)$$

$$\theta \approx v' \quad (1.1.6)$$

将式（1.1.2）～式（1.1.5）代入式（1.1.1），得到

$$w\mathrm{d}x - \mathrm{d}Q + \theta\mathrm{d}N + N\mathrm{d}\theta + \mathrm{d}N\cdot\mathrm{d}\theta = 0 \quad (1.1.7)$$

即

$$w\mathrm{d}x - Q'\mathrm{d}x + \theta N'\mathrm{d}x + N\theta'\mathrm{d}x + N'\theta'(\mathrm{d}x)^2 = 0 \quad (1.1.8)$$

忽略式（1.1.8）中所含有的二阶微量 $(\mathrm{d}x)^2$ 项，并将该式的两端同除以 $\mathrm{d}x$，得到

$$w - Q' + \theta N' + N\theta' = 0 \quad (1.1.9)$$

如图 1.1.1 所示，由静力学平衡方程 $\sum M_B = 0$ 得到

$$-M + w\mathrm{d}x \cdot \frac{\mathrm{d}x}{2} + (M + \mathrm{d}M) - (Q + \mathrm{d}Q)\mathrm{d}x = 0 \tag{1.1.10}$$

即

$$-M + w\mathrm{d}x \cdot \frac{\mathrm{d}x}{2} + (M + M'\mathrm{d}x) - (Q + Q'\mathrm{d}x)\mathrm{d}x = 0 \tag{1.1.11}$$

忽略式（1.1.11）中所含有的二阶微量 $(\mathrm{d}x)^2$ 项，并将该式的两端同除以 $\mathrm{d}x$，得到

$$Q = M' \tag{1.1.12}$$

将梁的挠曲线近似微分方程[1] $M = EIv''$（E 和 I 分别为梁的弹性模量和截面惯性矩，并设梁为等截面梁）代入式（1.1.12），得到

$$Q = EIv''' \tag{1.1.13}$$

再将式（1.1.13）代入式（1.1.9），得

$$EIv^{(\mathrm{iv})} = w + \underline{(N\theta)'} \tag{1.1.14}$$

该式中的画线项体现了轴向力 N 对于梁弯曲变形的影响。

梁内的轴力 N 等于梁的两端所承受的轴向拉力，即

$$N = N_{\mathrm{L}} = N_{\mathrm{R}} = k \cdot \Delta l \tag{1.1.15}$$

式中，N_{L} 和 N_{R} 分别为梁的左右两端所承受的轴向拉力；k 为梁的轴向刚度；Δl 为梁的伸长量。其中，

$$k = \frac{EA}{l} \tag{1.1.16}$$

$$\Delta l = \int_0^l \sqrt{1 + (v')^2}\,\mathrm{d}x - l \approx \int_0^l \left[1 + \frac{1}{2}(v')^2\right]\mathrm{d}x - l = \frac{1}{2}\int_0^l (v')^2\,\mathrm{d}x \tag{1.1.17}$$

式中，A 为梁的横截面积；l 为梁的长度（原长）。

将式（1.1.16）和式（1.1.17）代入式（1.1.15），得到

$$N = \frac{EA}{2l}\int_0^l (v')^2\,\mathrm{d}x \tag{1.1.18}$$

再将式（1.1.18）和式（1.1.16）代入式（1.1.14），得到

$$EIv^{(\mathrm{iv})} \underline{- \frac{EA}{2l}v''\int_0^l (v')^2\,\mathrm{d}x} = w(x) \tag{1.1.19}$$

这就是两端被轴向固定的静不定梁的挠曲线微积分方程，方程中的画线项代表了轴向力对于此类梁的弯曲变形所产生的影响，与该方程配套的边界条件如下：

（1）两端均为固定端约束（图 1.0.1）：$v(0) = 0$，$v'(0) = 0$，$v(l) = 0$，$v'(l) = 0$；

（2）两端均为固定圆柱铰链约束（图 1.0.2）：$v(0) = 0$，$v''(0) = 0$，$v(l) = 0$，$v''(l) = 0$；

（3）左端为固定端约束，右端为固定圆柱铰链约束（图 1.0.3）：$v(0) = 0$，

$v'(0)=0$， $v(l)=0$， $v''(l)=0$ 。

方程（1.1.19）和上述边界条件之一共同构成了研究相应的两端被轴向固定的静不定梁在横向力作用下弯曲变形的数学模型，此数学模型的解即为梁的挠曲线函数。

1.2 两端被轴向固定的静不定梁在横向力作用下的弯曲变形的算法

从数学上来讲，方程（1.1.19）的满足其边界条件的解就是所研究的两端被轴向固定的静不定梁的挠曲线解析函数。考虑到方程（1.1.19）是非线性微积分方程，所以要求得其精确解是十分困难的。这里采用瑞利-里兹法（Rayleigh-Ritz method）[2]求其近似的解析解。选取两个连续、可导且满足其边界条件的线性无关的函数$v_1(x)$和$v_2(x)$作为瑞利-里兹函数，这样可以将梁的挠曲线函数近似地表达为

$$v(x)=c_1v_1(x)+c_2v_2(x) \tag{1.2.1}$$

式中，c_1和c_2为两个待定的未知量，可按如下的方法确定：将式（1.1.20）代入方程（1.1.19）后，在方程的两边同乘以$v_i(x)(i=1,2)$，然后再沿梁长取定积分$\int_0^l(\ )\mathrm{d}x$，化简后，获得以下两个关于c_1和c_2的非线性代数方程：

$$EI(a_6c_1+a_7c_2)-\frac{EA}{2l}(a_4c_1+a_5c_2)(a_1c_1^2+2a_2c_1c_2+a_3c_2^2)=b_1 \tag{1.2.2}$$

$$EI(a_{10}c_1+a_{11}c_2)-\frac{EA}{2l}(a_8c_1+a_9c_2)(a_1c_1^2+2a_2c_1c_2+a_3c_2^2)=b_2 \tag{1.2.3}$$

式中

$$a_1=\int_0^l[v_1'(x)]^2\mathrm{d}x \tag{1.2.4}$$

$$a_2=\int_0^l v_1'(x)v_2'(x)\mathrm{d}x \tag{1.2.5}$$

$$a_3=\int_0^l[v_2'(x)]^2\mathrm{d}x \tag{1.2.6}$$

$$a_4=\int_0^l v_1(x)v_1''(x)\mathrm{d}x \tag{1.2.7}$$

$$a_5=\int_0^l v_1(x)v_2''(x)\mathrm{d}x \tag{1.2.8}$$

$$a_6=\int_0^l v_1(x)v_1^{(\mathrm{iv})}(x)\mathrm{d}x \tag{1.2.9}$$

$$a_7=\int_0^l v_1(x)v_2^{(\mathrm{iv})}(x)\mathrm{d}x \tag{1.2.10}$$

$$a_8 = \int_0^l v_2(x) v_1''(x) \mathrm{d}x \tag{1.2.11}$$

$$a_9 = \int_0^l v_2(x) v_2''(x) \mathrm{d}x \tag{1.2.12}$$

$$a_{10} = \int_0^l v_2(x) v_1^{(\mathrm{iv})}(x) \mathrm{d}x \tag{1.2.13}$$

$$a_{11} = \int_0^l v_2(x) v_2^{(\mathrm{iv})}(x) \mathrm{d}x \tag{1.2.14}$$

$$b_1 = \int_0^l v_1(x) w(x) \mathrm{d}x \tag{1.2.15}$$

$$b_2 = \int_0^l v_2(x) w(x) \mathrm{d}x \tag{1.2.16}$$

如果作用在梁上的力不是横向分布力，而是横向集中力P（作用在$x=\xi$处，如图 1.2.1 所示），则应用 δ 函数（单位脉冲函数）可以将这一集中力等效地表达为载荷集度是$w(x)=P\delta(x-\xi)$的分布力，将该式分别代入式(1.2.15)和式(1.2.16)，得到

$$b_1 = P v_1(\xi) \tag{1.2.17}$$

$$b_2 = P v_2(\xi) \tag{1.2.18}$$

式（1.2.17）和式（1.2.18）就是梁承受横向集中力的情况下，b_1和b_2的计算公式；式（1.2.15）和式（1.2.16）是梁承受横向分布力的情况下，b_1和b_2的计算公式。

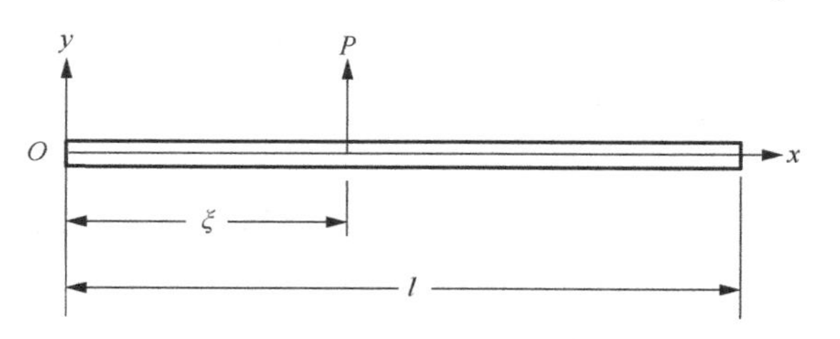

图 1.2.1　承受横向集中力的梁

选定函数$v_1(x)$和$v_2(x)$作为瑞利-里兹函数后，应用式（1.2.4）～式（1.2.18）可分别计算出a_1、a_2、…、a_{11}、b_1和b_2的值（注意：如果梁承受的是横向分布力，则应用式（1.2.15）和式（1.2.16）计算b_1和b_2之值；如果梁承受的是横向集中力，则应用式（1.2.17）和式（1.2.18）计算b_1和b_2之值），在此基础上，将非线性代数方程（1.2.2）和方程（1.2.3）联立求解（如用 Matlab solve[3]求解），可得到该组方程的实数解（舍去非实数解），最后将其实数解代入式（1.2.1），得到梁的挠曲线函数$v(x)$的具体表达式。这就是确定两端被轴向固定的静不定梁在横向力作用下的弯曲变形的算法。

1.3　两端均为固定端约束的静不定梁弯曲变形算例

一根两端均为固定端约束的静不定梁承受横向均布力的作用，如图 1.3.1 所示，其载荷集度为 $w=-200\text{N/m}$，梁的弹性模量 $E=2.1\times10^{11}\text{N/m}^2$，设该梁在变形前的参数如下：长度 $l=1\text{m}$，横截面积 $A=6\times10^{-5}\text{m}^2$（宽度为 $1.2\times10^{-2}\text{m}$，厚度为 $5\times10^{-3}\text{m}$），截面惯性矩 $I=1.25\times10^{-10}\text{m}^4$。试确定：此梁的挠曲线形状，并与未考虑轴向力影响的对应挠曲线进行比较。

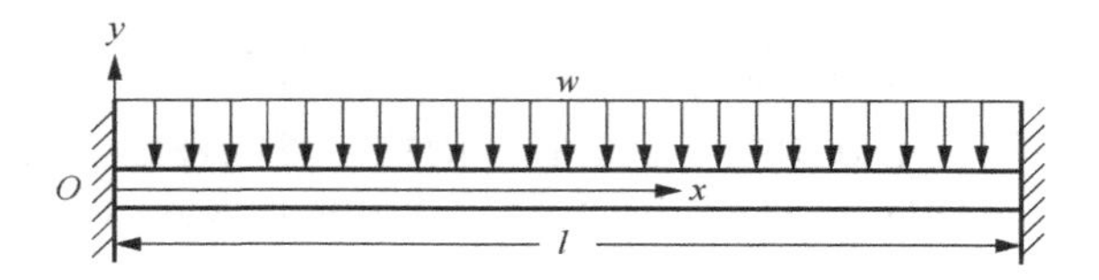

图 1.3.1　承受横向均布力作用的两端均为固定端约束的静不定梁

选取如下两个连续、可导且满足该梁边界条件的线性无关的函数

$$v_1(x)=x^4-2lx^3+l^2x^2 \tag{1.3.1}$$

和

$$v_2(x)=x^6-3lx^5+2l^2x^4+l^3x^3-l^4x^2 \tag{1.3.2}$$

作为瑞利-里兹函数，在此基础上，应用 1.2 节中所述的算法，可以得到此梁的挠曲线函数的表达式为

$$v=-0.197x^6+0.591x^5-0.7602x^4+0.5354x^3-0.1692x^2 \quad (\text{m}) \tag{1.3.3}$$

注意式（1.3.3）中计入了轴向力对于此梁弯曲变形所产生的影响，而在材料力学教材[1,4-6]中所给出的未计入轴向力影响的此梁的对应挠曲线函数为

$$v=\frac{w}{24EI}x^2(l^2+x^2-2lx) \tag{1.3.4}$$

为了说明计入和未计入轴向力影响的两种情形下所得到的挠曲线的不同之处，图 1.3.2 中分别给出了根据式（1.3.3）和式（1.3.4）画出的挠曲线，由该图可以清楚地看出：两者的差异非常显著，其中计入轴向力影响的情形下所得到的挠曲线要比未计入轴向力影响的情形下所得到的挠曲线明显更加平坦。这说明：梁的轴向力（拉力）具有降低梁的弯曲变形的作用，即梁的轴向拉力使梁呈现出“弯曲刚化现象”。因此，在两端被固定的梁的弯曲变形问题的分析和计算当中，计入梁的轴向拉力的影响是完全必要的。

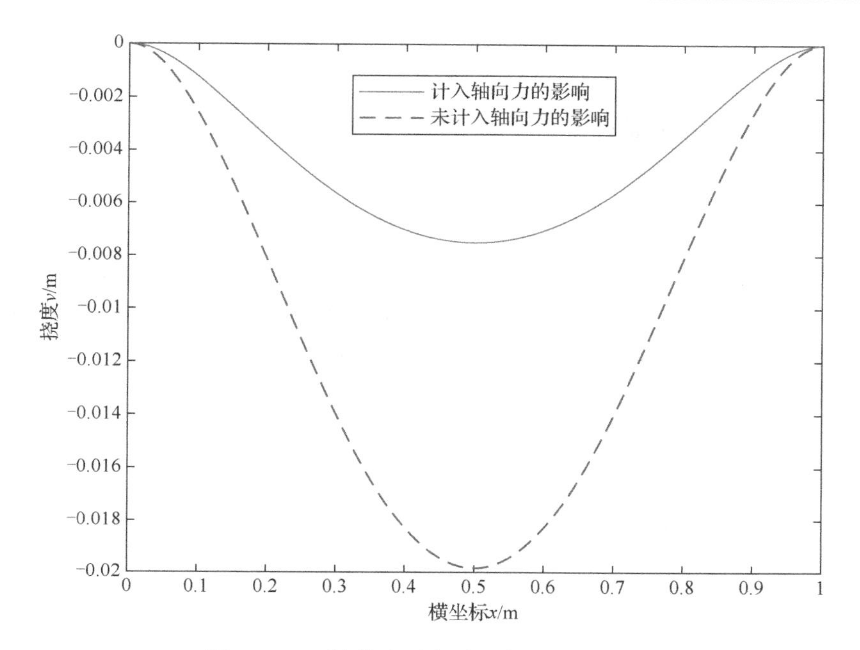

图 1.3.2　两端均为固定端约束的静不定梁的挠曲线

1.4　两端均为固定圆柱铰链约束的静不定梁弯曲变形算例

一根两端均为固定圆柱铰链约束的静不定梁承受横向集中力的作用，如图 1.4.1 所示，力 $P=-100\,\mathrm{N}$，梁的弹性模量 $E=2.1\times10^{11}\,\mathrm{N/m^2}$，设该梁在变形前的参数如下：长度 $l=1\mathrm{m}$，横截面积 $A=6\times10^{-5}\,\mathrm{m}^2$（宽度为$1.2\times10^{-2}\,\mathrm{m}$，厚度为$5\times10^{-3}\,\mathrm{m}$），截面惯性矩 $I=1.25\times10^{-10}\,\mathrm{m}^4$。试确定：此梁的挠曲线函数和挠曲线形状。

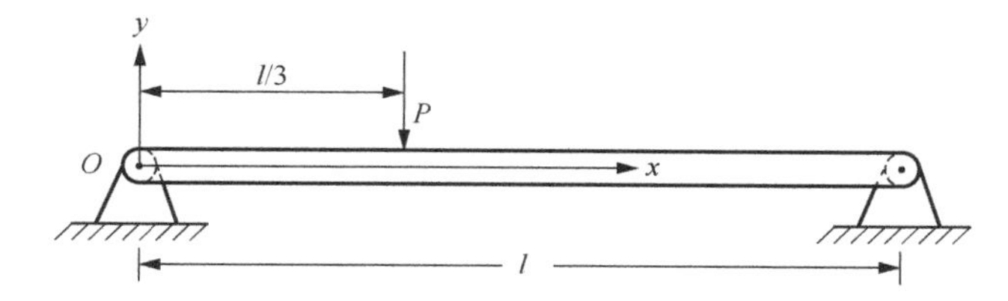

图 1.4.1　承受横向集中力作用的两端均为固定圆柱铰链约束的静不定梁

选取如下两个连续、可导且满足此梁边界条件的线性无关的函数

$$v_1(x)=\sin\frac{\pi x}{l} \tag{1.4.1}$$

和

$$v_2(x) = \sin\frac{2\pi x}{l} \tag{1.4.2}$$

作为瑞利-里兹函数，在此基础上，应用 1.2 节中所述的算法，可以得到此梁的挠曲线函数的表达式为

$$v = -0.0076\sin\frac{\pi x}{l} - 0.0014\sin\frac{2\pi x}{l}\ \text{(m)} \tag{1.4.3}$$

根据式（1.4.3）画出的计入轴向力影响的挠曲线如图 1.4.2 中的实线所示，图中的虚线是未计入轴向力影响的情况下得到的对应挠曲线。对比图 1.4.2 中的实线和虚线，可以看出：计入轴向力影响的情形下得到的挠曲线要比未计入轴向力影响的情形下得到的挠曲线更加平坦。

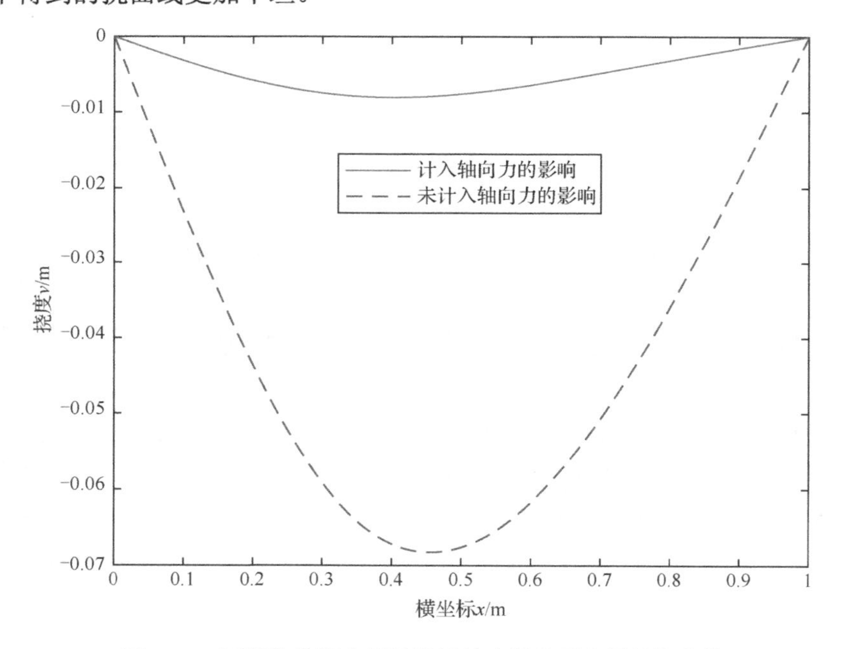

图 1.4.2　两端均为固定圆柱铰链约束的静不定梁的挠曲线

第 2 章　弹性梁在轴向力和横向力共同作用下的弯曲变形

研究弹性梁在轴向力和横向力共同作用下的弯曲变形问题时，除了要计入传统的横向力对梁的弯曲变形的影响外，还必须计入轴向力所产生的影响。本章分别以悬臂梁、简支梁和一种典型静不定梁为例，说明如何分析和计算梁在轴向力和横向力共同作用下的弯曲变形。

2.1　承受轴向压力和横向力共同作用的悬臂梁的弯曲变形

一根等截面悬臂梁的自由端承受轴向压力 F_1 和横向力 F_2 的作用，如图 2.1.1 所示，下面分别就小变形和大变形两种情形说明如何分析和计算该梁的弯曲变形问题[7]。

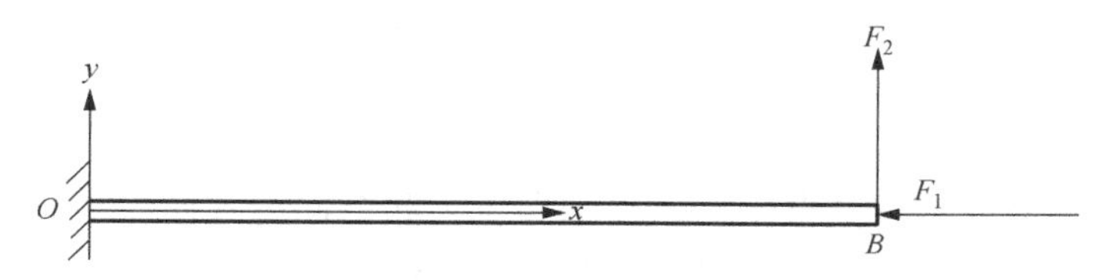

图 2.1.1　承受轴向压力和横向力共同作用的悬臂梁

1）小变形情形

选取横坐标为 x 的横截面的右侧梁段为研究对象，此段梁在弯曲变形位置的受力如图 2.1.2 所示，图中 F_N 、F_S 和 M 分别表示横坐标为 x 处的横截面上的轴力、剪力和弯矩（图中的轴力、剪力和弯矩均按正方向画出），v 表示此截面形心的横向位移（挠度）。由该段梁的静力学平衡方程，推导出弯矩 M 的表达式为

$$M = F_2(l-x) + \underline{F_1[v(l)-v(x)]} \tag{2.1.1}$$

式中，l 为梁的长度；画线项是轴向压力 F_1 在梁的弯曲变形中所产生的附加弯矩。需要说明的是这种额外弯矩只有把梁的变形位置（图 2.1.2）作为平衡位置进行分析，才能计入它对总弯矩的贡献。

将式（2.1.1）代入梁的挠曲线近似微分方程 $EI\,v''(x) = M$ （该方程仅适用于梁的小变形情形），得到

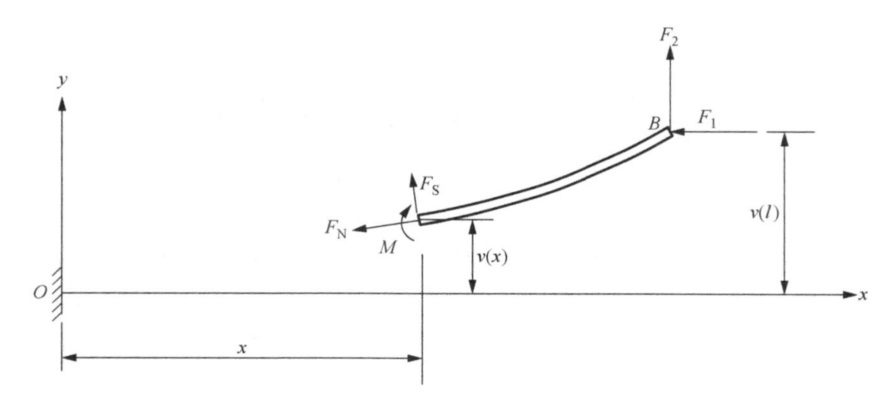

图 2.1.2　悬臂梁中横坐标为 x 的横截面的右侧梁段受力图

$$EI\,v''(x) = F_2(l-x) + \underline{F_1[v(l)-v(x)]} \tag{2.1.2}$$

式中的画线项体现了轴向压力 F_1 对于梁弯曲变形的影响。

悬臂梁的边界条件为

$$v(0)=0\text{，}\quad v'(0)=0 \tag{2.1.3}$$

容易求得方程（2.1.2）且满足边界条件（2.1.3）的解析解为

$$v(x)=\frac{F_2}{F_1}\sqrt{\frac{EI}{F_1}}\left\{\tan\left(l\sqrt{\frac{F_1}{EI}}\right)\left[1-\cos\left(x\sqrt{\frac{F_1}{EI}}\right)\right]+\sin\left(x\sqrt{\frac{F_1}{EI}}\right)\right\}-\frac{F_2}{F_1}x \tag{2.1.4}$$

这就是等截面悬臂梁在其自由端承受轴向压力和横向力共同作用时的挠曲线函数，需要说明的是该函数仅适用于梁的小变形情形。

2）大变形情形

从梁的根部开始，沿着梁的轴线选取弧坐标为 s 的横截面的右侧梁段为研究对象，此段梁在弯曲变形位置的受力如图 2.1.3 所示，图中 F_N、F_S 和 M 分别表示弧坐标为 s 处的横截面上的轴力、剪力和弯矩（F_N、F_S 和 M 的方向均按正方向画出），由此段梁的静力学平衡方程，可以推得剪力 F_S 的表达式为

$$F_S = -F_1\sin\theta(s) - F_2\cos\theta(s) \tag{2.1.5}$$

式中，$\theta(s)$ 为弧坐标为 s 处的横截面的转角（也就是梁的轴线在弧坐标为 s 处的切线相对于 x 轴的倾角，见图 2.1.3）。

剪力 F_S 和弯矩 M 之间的关系可表达为

$$F_S = \frac{\mathrm{d}M}{\mathrm{d}s} \tag{2.1.6}$$

弯矩 M 与曲率 $\kappa=\theta'(s)$ 之间满足关系

$$M = EI\kappa = EI\theta'(s) \tag{2.1.7}$$

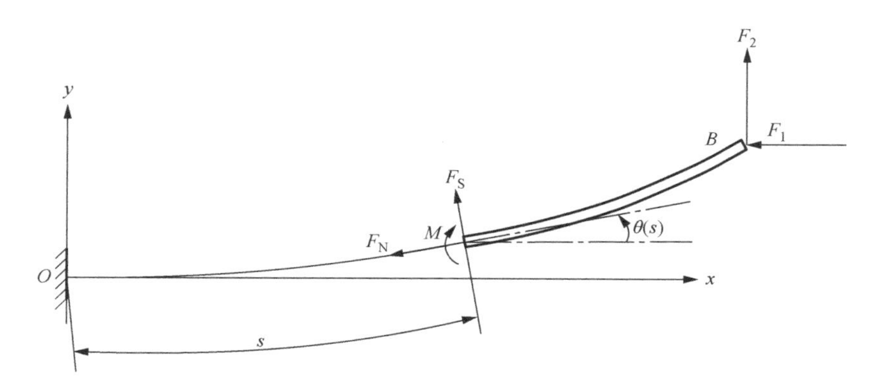

图 2.1.3　弧坐标为 s 的横截面的右侧梁段受力图（承受轴向压力和横向力）

这里需要指出的是，只要在梁材料的线弹性范围内，式（2.1.7）对于梁的小变形弯曲和大变形弯曲都是适用的。

将式（2.1.5）和式（2.1.7）代入式（2.1.6），得到

$$EI\theta''(s) = -F_1\sin\theta(s) - F_2\cos\theta(s) \tag{2.1.8}$$

边界条件为

$$\theta(0) = 0, \quad \theta'(l) = 0 \tag{2.1.9}$$

应用 Matlab bvp4c [3] 可以求出非线性常微分方程(2.1.8)满足边界条件(2.1.9)的数值解，在此基础上，再应用式（2.1.10）和式（2.1.11）（数值积分）即可进一步求出挠曲线上任意一点横坐标和纵坐标。

$$x(s) = \int_0^s \cos\theta(\xi)\,\mathrm{d}\xi \tag{2.1.10}$$

$$y(s) = \int_0^s \sin\theta(\xi)\,\mathrm{d}\xi \tag{2.1.11}$$

这就是等截面悬臂梁在其自由端承受轴向压力和横向力共同作用时梁的挠曲线的确定方法。需要说明的是该方法对于梁的小变形弯曲和大变形弯曲都是适用的(只要变形在材料的线弹性范围内即可)，不过在梁的小变形弯曲下，该方法远不如应用专门适合小变形弯曲的式（2.1.4）确定梁的挠曲线方便，但是由于式（2.1.4）忽略了梁弯曲变形的几何非线性因素，因此，应用式（2.1.4）确定梁的挠曲线的计算精度相对较低。

应用上述适合大变形情形下确定梁挠曲线形状的方法可以画出图 2.1.1 所示的悬臂梁在弯曲变形后的挠曲线形状，如图 2.1.4 所示。这里梁的参数如下：梁长 $l = 1\text{m}$，截面惯性矩 $I = 4.5\times10^{-11}\text{m}^4$，弹性模量 $E = 2.01\times10^{11}\text{Pa}$。

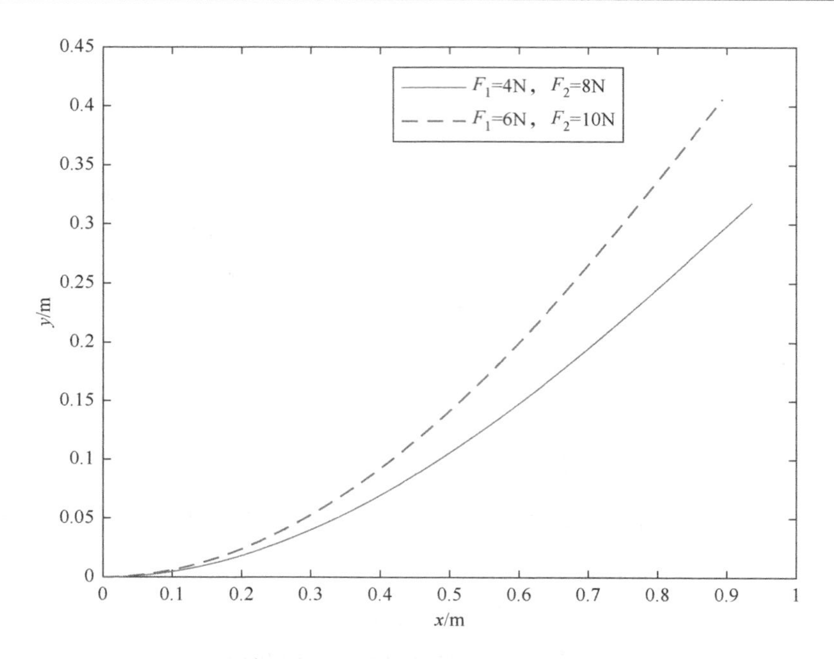

图 2.1.4　悬臂梁在轴向压力和横向力共同作用下的挠曲线

2.2　简支梁在轴向拉力和横向力共同作用下的弯曲变形

一根等截面简支梁的右端承受轴向拉力 F_1 的作用，中部承受横向力 F_2 的作用，如图 2.2.1 所示，下面研究该梁的弯曲变形问题。

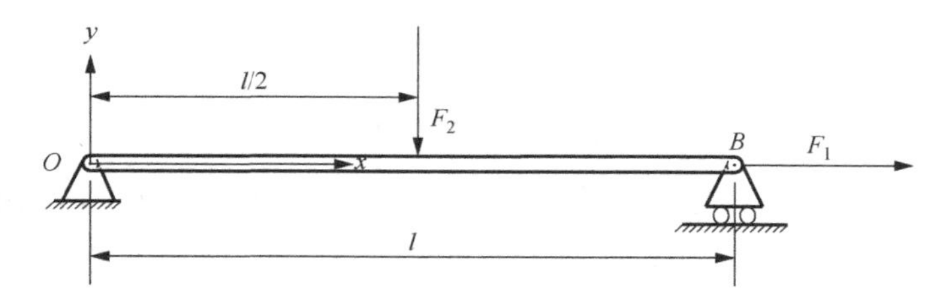

图 2.2.1　承受轴向拉力和横向力共同作用的简支梁

为了写出梁的弯矩函数，需首先求出梁在右端处的约束力，为此画出该梁的受力图（图 2.2.2）。

由静力学平衡方程

$$\sum M_O = 0, \quad -F_2 \cdot \frac{l}{2} + F_B l = 0 \tag{2.2.1}$$

解出梁在右端处的约束力

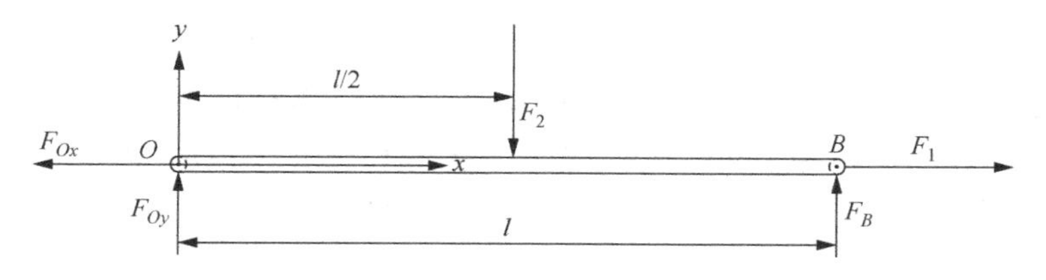

图 2.2.2　简支梁受力图

$$F_B = \frac{1}{2}F_2 \tag{2.2.2}$$

为了进一步写出梁的弯矩表达式，选取横坐标为 x（$0\leqslant x\leqslant l/2$）的横截面的右侧梁段为研究对象。此段梁在弯曲变形位置的受力如图 2.2.3 所示，图中 F_{N1}、F_{S1} 和 M_1 分别表示横坐标为 x 处的横截面上的轴力、剪力和弯矩，v_1 表示此截面形心的横向位移（挠度）。由该段梁的静力学平衡方程，推导出弯矩 M 的表达式为

$$M_1 = F_B(l-x) - F_2\left(\frac{l}{2}-x\right) + \underline{F_1 v_1(x)} \qquad (0\leqslant x\leqslant l/2) \tag{2.2.3}$$

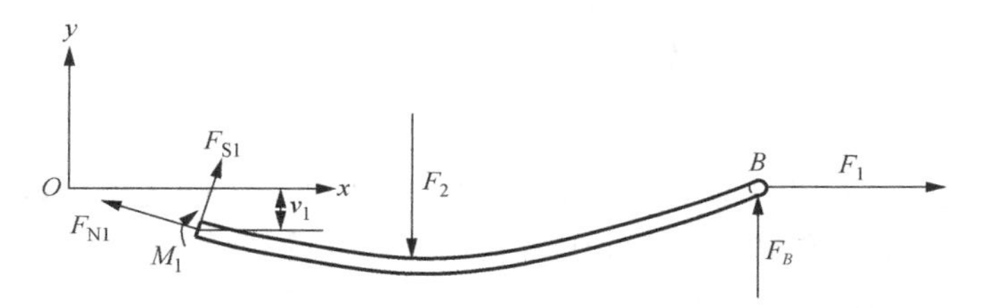

图 2.2.3　横坐标为 x（$0\leqslant x\leqslant l/2$）的横截面的右侧梁段受力图

将式（2.2.2）代入式（2.2.3），得到

$$M_1 = \frac{1}{2}F_2 x + \underline{F_1 v_1(x)} \qquad (0\leqslant x\leqslant l/2) \tag{2.2.4}$$

式（2.2.4）即为左半段梁的弯矩函数。同理可以推出右半段梁的弯矩函数为

$$M_2 = \frac{1}{2}F_2(l-x) + \underline{F_1 v_2(x)} \qquad (l/2\leqslant x\leqslant l) \tag{2.2.5}$$

式（2.2.4）和式（2.2.5）中的画线项代表轴向拉力 F_1 在梁弯曲变形中所产生的附加弯矩。

将式（2.2.4）和式（2.2.5）分别代入梁的挠曲线近似微分方程 $EI\,v''(x) = M$ 后，得到

$$EI\,v_1''(x) = \frac{1}{2}F_2 x + \underline{F_1 v_1(x)} \qquad (0\leqslant x\leqslant l/2) \tag{2.2.6}$$

和

$$EI\,v_2''(x) = \frac{1}{2}F_2(l-x) + \underline{F_1 v_2(x)} \qquad (l/2\leqslant x\leqslant l) \tag{2.2.7}$$

方程（2.2.6）和方程（2.2.7）中的画线项分别体现了轴向拉力 F_1 对于左半段梁和右半段梁弯曲变形所产生的影响，与上述方程配套的条件如下：

$$v_1(0)=0\,,\quad v_1(l/2)=v_2(l/2)\,,\quad v_1'(l/2)=v_2'(l/2)\,,\quad v_2(l)=0 \tag{2.2.8}$$

容易求得方程（2.2.6）和方程（2.2.7）满足上述条件的解为

$$v_1=\frac{F_2}{2F_1}\left[\frac{\mathrm{e}^{kx}-\mathrm{e}^{-kx}}{k\mathrm{e}^{kl/2}(1+\mathrm{e}^{-kl})}-x\right]\quad (0\leqslant x\leqslant l/2) \tag{2.2.9}$$

$$v_2=\frac{F_2}{2F_1}\left[\frac{\mathrm{e}^{k(2l-x)}-\mathrm{e}^{kx}}{k\mathrm{e}^{kl/2}(1+\mathrm{e}^{kl})}+x-l\right]\quad (l/2\leqslant x\leqslant l) \tag{2.2.10}$$

式中

$$k=\sqrt{\frac{F_1}{EI}} \tag{2.2.11}$$

式（2.2.9）和式（2.2.10）分别是左半段梁和右半段梁的挠曲线函数。

2.3　一种静不定梁在轴向压力和横向力共同作用下的弯曲变形

一根左端为固定端约束、右端为活动圆柱铰链约束的等截面静不定梁，如图 2.3.1 所示，梁的右端承受轴向压力 F，跨部承受载荷集度为 w 的横向均布力的作用。下面说明如何分析和计算该梁的弯曲变形问题。

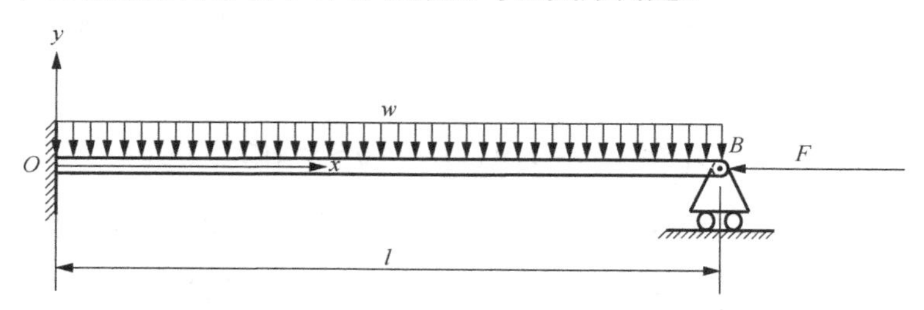

图 2.3.1　承受轴向压力和横向均布力共同作用的静不定梁

为了写出梁的弯矩表达式，选取横坐标为 x 的横截面的右侧梁段为研究对象，此段梁在弯曲变形位置的受力如图 2.3.2 所示。图中 F_N、F_S 和 M 分别表示横坐标为 x 处的横截面上的轴力、剪力和弯矩，v 表示此截面形心的横向位移（挠度）。由该段梁的静力学平衡方程，推导出弯矩 M 的表达式为

$$M=-\frac{1}{2}w(l-x)^2+F_B(l-x)\underline{-F\,v(x)} \tag{2.3.1}$$

式中的画线项即为轴向压力 F 在梁的弯曲变形中所产生的附加弯矩。

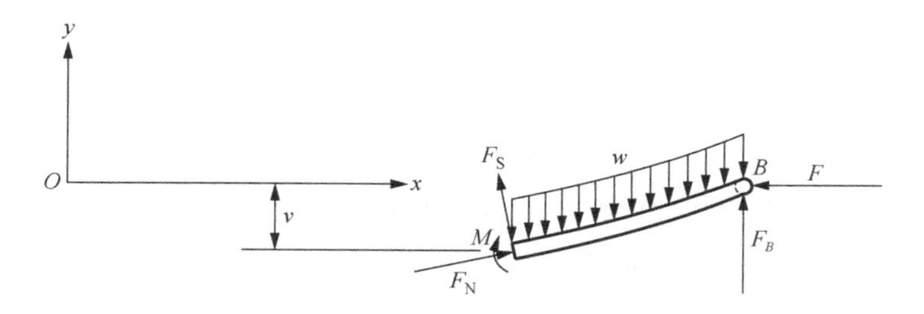

图 2.3.2　静不定梁中横坐标为 x 的横截面的右侧梁段受力图

将式（2.3.1）代入梁的挠曲线近似微分方程 $EI\,v''(x)=M$ ，得到

$$EI\,v''(x)=-\frac{1}{2}w(l-x)^2+F_B(l-x)\underline{-F\,v(x)} \tag{2.3.2}$$

该方程中的画线项体现了轴向压力 F 对于梁弯曲变形的影响。容易求得方程（2.3.2）的通解为

$$v=c_1\cos kx+c_2\sin kx-\frac{w}{2F}x^2+\frac{wl-F_B}{F}x+\frac{2k^2l\,F_B-k^2l^2w+2w}{2k^2F} \tag{2.3.3}$$

式中

$$k=\sqrt{\frac{F}{EI}} \tag{2.3.4}$$

该梁的边界条件为

$$v(0)=0\,,\qquad v'(0)=0\,,\qquad v(l)=0 \tag{2.3.5}$$

将以上边界条件代入式（2.3.3），得到

$$c_1+\frac{2k^2l\,F_B-k^2l^2w+2w}{2k^2F}=0 \tag{2.3.6}$$

$$kc_2+\frac{wl-F_B}{F}=0 \tag{2.3.7}$$

$$c_1\cos kl+c_2\sin kl-\frac{w}{2F}l^2+\frac{wl-F_B}{F}l+\frac{2k^2l\,F_B-k^2l^2w+2w}{2k^2F}=0 \tag{2.3.8}$$

联立方程（2.3.6）、方程（2.3.7）和方程（2.3.8），解得

$$c_1=-\frac{l[(2w-k^2l^2w)\cos kl+2w(kl\sin kl-1)]}{2kF(\sin kl-kl\cos kl)}+\frac{w(2-k^2l^2)}{2k^2F} \tag{2.3.9}$$

$$c_2=\frac{(2w-k^2l^2w)\cos kl+2w(kl\sin kl-1)}{2k^2F(\sin kl-kl\cos kl)}-\frac{wl}{kF} \tag{2.3.10}$$

$$F_B=\frac{(2w-k^2l^2w)\cos kl+2w(kl\sin kl-1)}{2k(\sin kl-kl\cos kl)} \tag{2.3.11}$$

最后将式（2.3.9）、式（2.3.10）和式（2.3.11）代入式（2.3.3），即可得到梁的挠曲线函数（从略）。

2.4　悬臂梁在横向随动载荷作用下的弯曲变形

一根等截面悬臂梁的自由端承受横向随动载荷 F 的作用，如图 2.4.1 所示，下面说明如何分析和计算该梁的弯曲变形问题。

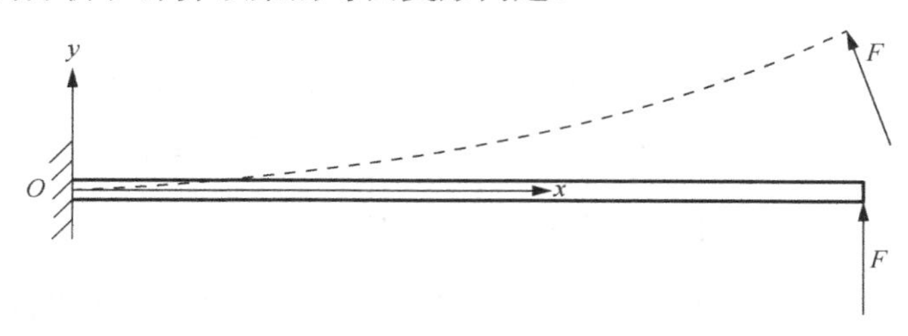

图 2.4.1　承受横向随动载荷的悬臂梁

1）分析

从梁的自由端开始，沿着梁的轴线取弧坐标为 s 的横截面的右端梁为研究对象，画出该段梁在弯曲变形位置时的受力图（图 2.4.2），图中的 N、Q 和 M 分别表示弧坐标为 s 处的横截面上的轴力、剪力和弯矩。由该段梁的静力学平衡方程，推得剪力 Q 的表达式为

$$Q = F\cos[\theta(s) - \theta(0)] \tag{2.4.1}$$

式中，$\theta(s)$ 为梁横截面的转角。

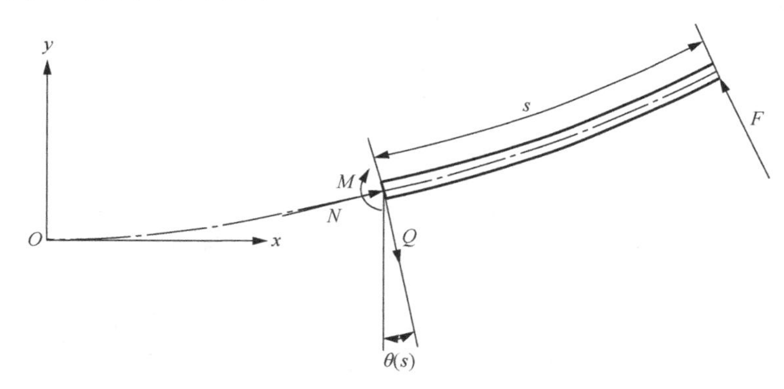

图 2.4.2　弧坐标为 s 的横截面的右侧梁段受力图（承受横向随动载荷）

剪力 Q 和弯矩 M 之间的关系可表达为

$$Q = \frac{\mathrm{d}M}{\mathrm{d}s} \tag{2.4.2}$$

弯矩 M 与曲率 $\kappa = -\theta'(s)$ 之间满足关系

$$M = EI\kappa = -EI\theta'(s) \tag{2.4.3}$$

将式（2.4.1）和式（2.4.3）代入式（2.4.2），得到

$$EI\theta''(s) = -F\cos[\theta(s) - \theta(0)] \tag{2.4.4}$$

边界条件为

$$\theta(l) = 0\text{，}\quad \theta'(0) = 0 \tag{2.4.5}$$

求解微分方程（2.4.4）满足边界条件（2.4.5）的解属于求解常微分方程的两点边值问题的解，而求解这种问题要比求解常微分方程的初值问题更为复杂。通过以下变换，可以将上述求解常微分方程的两点边值问题的解转换为求解常微分方程的初值问题的解。

令

$$\varphi(s) = \theta(s) - \theta(0) \tag{2.4.6}$$

则方程（2.4.4）变为

$$EI\varphi''(s) = -F\cos\varphi(s) \tag{2.4.7}$$

其初始条件变为

$$\varphi(0) = 0\text{，}\quad \varphi'(0) = 0 \tag{2.4.8}$$

而

$$\varphi(l) = \theta(l) - \theta(0) = -\theta(0) \tag{2.4.9}$$

这样式（2.4.6）又可变为

$$\theta(s) = \varphi(s) + \theta(0) = \varphi(s) - \varphi(l) \tag{2.4.10}$$

应用四阶龙格-库塔法或 Matlab ode45 solver[3]可求出微分方程（2.4.7）满足初值问题（2.4.8）的数值解，在此基础上，应用式（2.4.10）即可进一步求出 $\theta(s)$ 的数值解。一旦 $\theta(s)$ 被确定，则梁的挠曲线上任意一点横坐标和纵坐标可按以下两式（数值积分）确定：

$$x(s) = \int_s^l \cos\theta(\xi)\,\mathrm{d}\xi \tag{2.4.11}$$

$$y(s) = \int_s^l \sin\theta(\xi)\,\mathrm{d}\xi \tag{2.4.12}$$

这就是等截面悬臂梁的自由端承受横向随动载荷的作用时其挠曲线的确定方法。需要说明的是，该方法对于梁的大变形和小变形都是适用的（只要变形在梁的弹性限度内即可）。

2）算例

一根等截面悬臂梁的自由端承受横向随动载荷 F 的作用，如图 2.4.1 所示。梁的参数如下：梁长 $l = 1\text{m}$，截面惯性矩 $I = 4.5\times10^{-11}\text{m}^4$（宽度为 $2\times10^{-2}\text{m}$，厚度为 $3\times10^{-3}\text{m}$），弹性模量 $E = 2.01\times10^{11}\text{Pa}$。试分别画出在 $F = 4\text{N}$、8N 和 12N 的情形下梁的各自挠曲线。

应用本节的方法（算法），容易画出在 $F = 4\text{N}$、8N 和 12N 的情形下梁的各自挠曲线形状如图 2.4.3 所示。

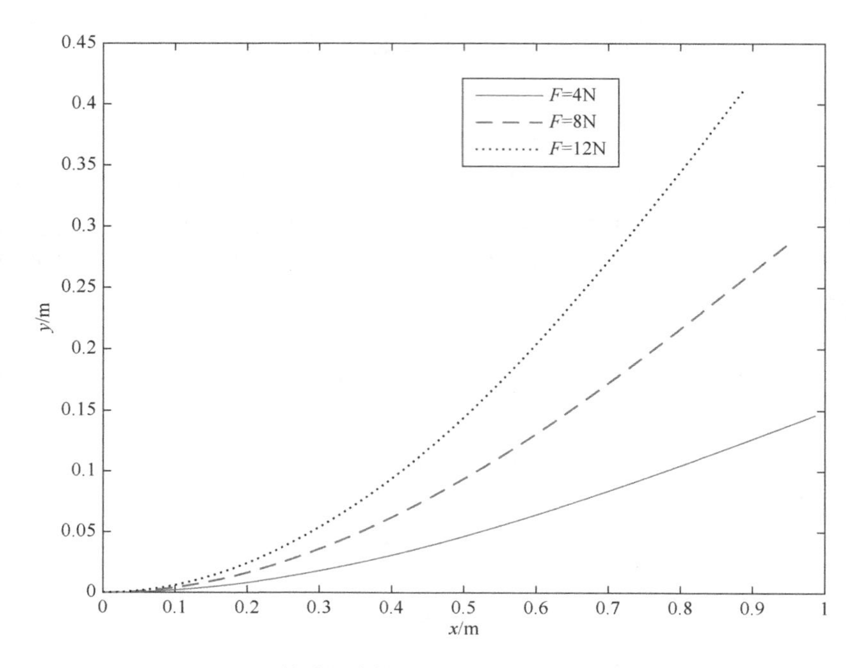

图 2.4.3　悬臂梁在横向随动载荷作用下的挠曲线

2.5　悬臂梁在随动偏心压力作用下的弯曲变形

一根等截面悬臂梁的自由端承受随动偏心压力 F 的作用，如图 2.5.1 所示，设该力在梁的纵向对称面内，其偏心距为 e。下面说明如何分析和计算该梁的弯曲变形问题。

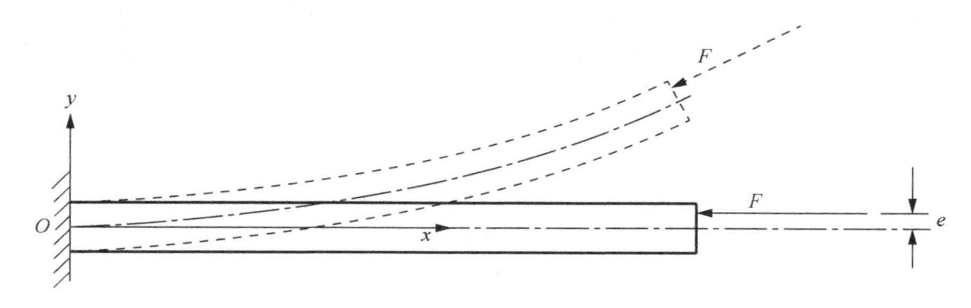

图 2.5.1　承受随动偏心压力的悬臂梁

1）分析

从梁的自由端开始，沿着梁的轴线取弧坐标为 s 的横截面的右侧梁段为研究对象，此段梁在弯曲变形位置的受力如图 2.5.2 所示，图中的 N、Q 和 M 分别表示弧坐标为 s 处的横截面上的轴力、剪力和弯矩。由此段梁的静力学平衡方程，推出剪力 Q 的表达式如下：

$$Q = F\sin[\theta(s) - \theta(0)] \tag{2.5.1}$$

式中，$\theta(s)$ 为梁横截面的转角（见图 2.5.2）。

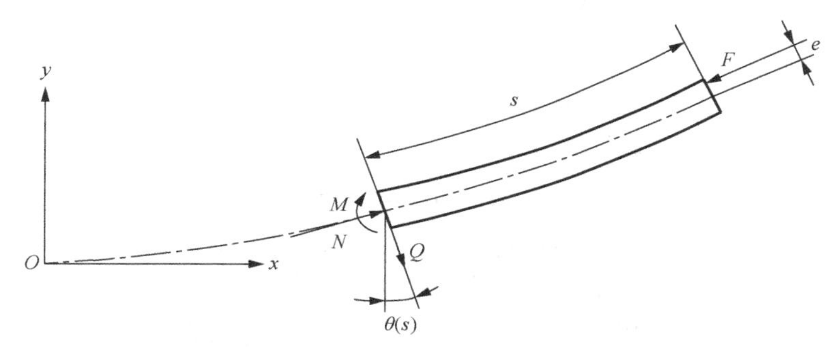

图 2.5.2　弧坐标为 s 的横截面的右侧梁段受力图（承受随动偏心压力）

剪力 Q 和弯矩 M 之间的关系可表达为

$$Q = \frac{\mathrm{d}M}{\mathrm{d}s} \tag{2.5.2}$$

弯矩 M 与曲率 $\kappa = -\theta'(s)$ 之间满足关系

$$M = EI\kappa = -EI\theta'(s) \tag{2.5.3}$$

将式（2.5.1）和式（2.5.3）代入式（2.5.2），得到

$$EI\theta''(s) = -F\sin[\theta(s) - \theta(0)] \tag{2.5.4}$$

由式（2.5.3），可得

$$M\big|_{s=0} = -EI\theta'(0) \tag{2.5.5}$$

又

$$M\big|_{s=0} = Fe \tag{2.5.6}$$

比较式（2.5.5）和式（2.5.6）后，得到

$$-EI\theta'(0) = Fe \tag{2.5.7}$$

由此解得边界条件之一为

$$\theta'(0) = -\frac{Fe}{EI} \tag{2.5.8}$$

另一个边界条件为

$$\theta(l)=0 \tag{2.5.9}$$

令

$$\varphi(s)=\theta(s)-\theta(0) \tag{2.5.10}$$

则方程（2.5.4）变为

$$EI\varphi''(s)=-F\sin\varphi(s) \tag{2.5.11}$$

其初始条件为

$$\varphi(0)=0\,,\quad \varphi'(0)=\theta'(0)=-\frac{Fe}{EI} \tag{2.5.12}$$

而

$$\varphi(l)=\theta(l)-\theta(0)=-\theta(0) \tag{2.5.13}$$

这样式（2.5.10）又可变为

$$\theta(s)=\varphi(s)+\theta(0)=\varphi(s)-\varphi(l) \tag{2.5.14}$$

应用四阶龙格–库塔法或 Matlab ode45 solver[3]可求出常微分方程（2.5.11）满足初值问题（2.5.12）的数值解，在此基础上，应用式（2.5.14）即可进一步求出 $\theta(s)$ 的数值解。$\theta(s)$ 被确定以后，梁的挠曲线上任意一点横坐标和纵坐标可按以下两式（数值积分）来确定：

$$x(s)=\int_s^l\cos\theta(\xi)\,\mathrm{d}\xi \tag{2.5.15}$$

$$y(s)=\int_s^l\sin\theta(\xi)\,\mathrm{d}\xi \tag{2.5.16}$$

这就是等截面悬臂梁的自由端承受随动偏心压力作用时其挠曲线的确定方法。需要说明的是，只要在梁材料的线弹性范围内，这种方法对于梁的大变形和小变形情形都是适用的。

2）算例

一根等截面悬臂梁的自由端承受随动偏心压力 F 的作用，如图 2.5.1 所示，设该力在梁的纵向对称面内，其偏心距 $e=3\times10^{-3}\,\mathrm{m}$。该梁的参数如下：高度为 $h=8\times10^{-3}\,\mathrm{m}$，宽度为 $b=0.01\,\mathrm{m}$，长度 $l=1\,\mathrm{m}$，弹性模量 $E=2.01\times10^{11}\,\mathrm{Pa}$。压力分别取为 $F=0.25F_\mathrm{c}$，$F=0.50F_\mathrm{c}$ 和 $F=0.75F_\mathrm{c}$（式中 $F_\mathrm{c}=\dfrac{\pi^2EI}{4l^2}$，表示悬臂梁的临界压力[1]），试分别画出上述压力下梁的挠曲线。

应用本节的方法（算法），容易画出在压力 $F=0.25F_\mathrm{c}$、$F=0.50F_\mathrm{c}$ 和 $F=0.75F_\mathrm{c}$ 情形下梁的各自挠曲线，如图 2.5.3 所示。

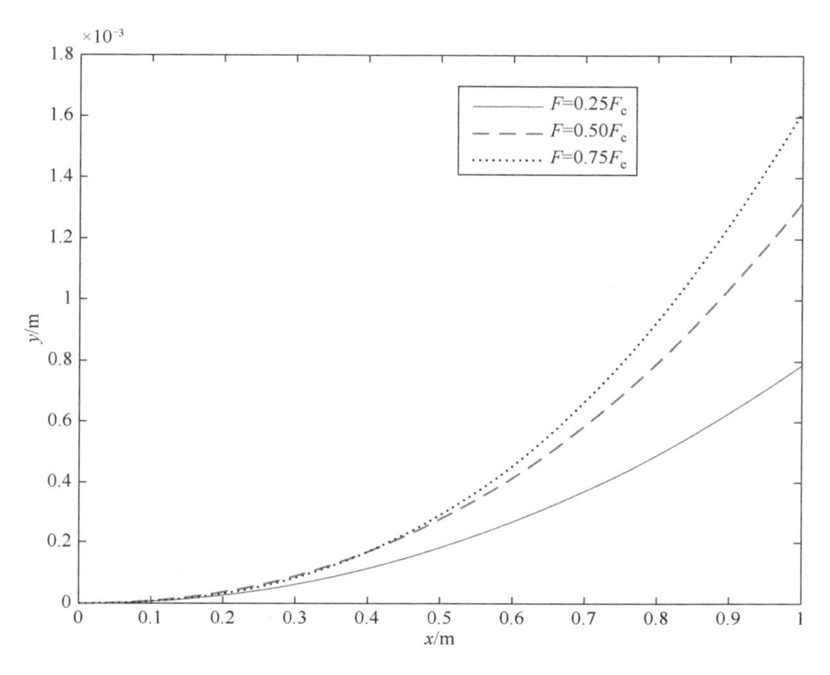

图 2.5.3　悬臂梁在随动偏心压力作用下的挠曲线

2.6　杆件在轴向压力和横向力共同作用下的正应力计算

杆件在轴向压力和横向力共同作用下的正应力计算问题属于杆件的压弯组合变形下的内力计算问题。在材料力学中，通常采用如下的方法[1,4-6]解决上述问题：首先忽略杆件的变形因素，并采用截面法截取一段杆件，然后针对所截取的这段杆件应用静力学平衡方程求出截面上的内力（轴力、剪力和弯矩），最后再将轴力对应的正应力和弯矩对应的正应力（弯曲应力）相叠加，从而求得截面上总的正应力。上述方法确定杆件正应力的特点是忽略杆件的变形因素，即将杆件变形前的位置作为平衡位置来分析，由此得到的杆件的弯矩和正应力的表达式中都缺失了轴向压力在杆件弯曲变形中产生的附加弯矩的贡献项，进而所得到的弯矩和正应力的计算结果也就不够精确。因此，对于杆件在轴向压力和横向力共同作用下的正应力的计算问题而言，计入轴向压力在杆件弯曲变形中产生的附加弯矩的贡献因素是完全必要的。本节以如图 2.6.1 所示的杆件（悬臂梁）为例，推导和建立计入上述贡献因素的杆件最大正应力的计算公式，并与材料力学中未计入此因素的对应公式进行比较，说明二者之间的不同之处。

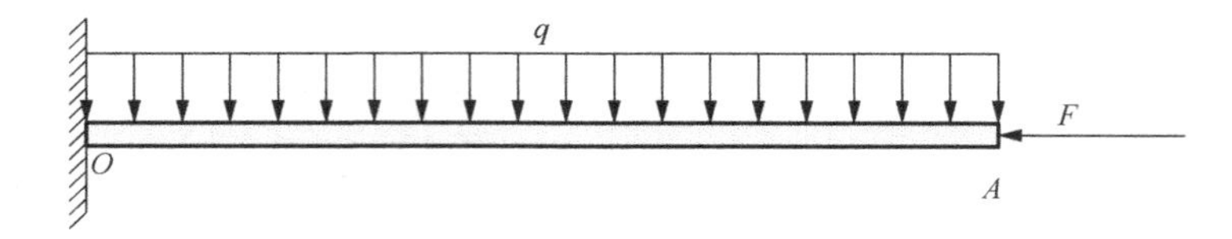

图 2.6.1　承受轴向压力和横向均布力的杆件

如图 2.6.1 所示，一根长为l等截面杆件（悬臂梁）承受轴向压力F和载荷集度为q的横向均布力的作用，下面以此杆件为例，研究杆件在轴向压力和横向均布力共同作用下的最大正应力的计算问题。

首先以固定端点O为坐标原点建立如图 2.6.2 所示的坐标系Oxy，其中轴x与未变形时杆件的中轴线重合，其正向由O指向A，轴y的正向与横向分布力的方向相反。

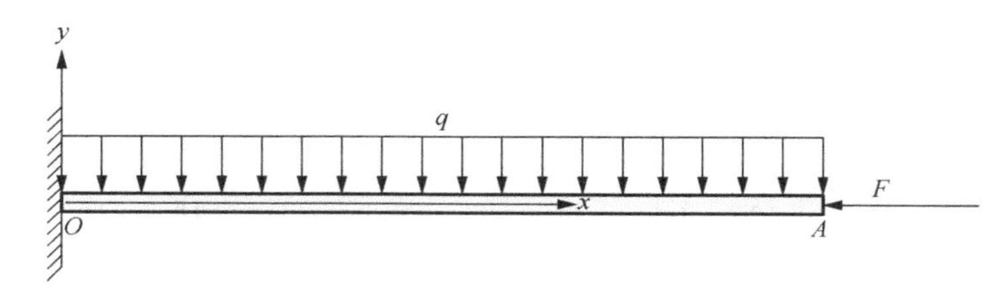

图 2.6.2　坐标系 Oxy

按照材料力学中计算杆件内力的方法[1,4-6]（材料力学中计算杆件的内力通常采用截面法，而且不考虑杆件的变形因素）容易推得杆件的轴力F_N和弯矩M的表达式分别为

$$F_{\mathrm{N}} = -F \tag{2.6.1}$$

和

$$M = -\frac{1}{2}q(l-x)^2 \tag{2.6.2}$$

由此可以进一步确定出该杆件的最大正应力（最大正应力出现在杆件根部的下边缘且为压应力）为

$$\sigma_{\mathrm{c\,max}} = \left|\frac{M|_{x=0}}{W}\right| + \left|\frac{F_{\mathrm{N}}|_{x=0}}{A}\right| = \frac{ql^2}{2W} + \frac{F}{A} \tag{2.6.3}$$

式中，A和W分别为杆件的横截面积与弯曲截面系数。

式（2.6.3）就是按照一般材料力学的方法建立的计算该杆件最大正应力的公式。值得注意的是该式中并没有计入轴向压力F在杆件弯曲变形中所产生的附加弯矩对正应力的影响。出现这一问题的原因在于：在应用截面法求梁的弯矩时，把梁未变形时的位置作为平衡位置分析，进而导致所得到的弯矩表达式（2.6.2）中未能计入轴向压力F在杆件弯曲变形中所产生的附加弯矩的影响，由此也就最终导致了所建立的最大正应力的计算公式（2.6.3）未能计入这一影响的贡献。下面将在考虑这一影响贡献的基础上，推导出计算该杆件最大正应力的表达式。为此，应用截面法取横坐标为 x 的横截面的右端杆件为研究对象，画出该截断杆件在弯曲变形位置的受力图（图 2.6.3），图中 F_N、F_S 和 M 分别表示横坐标为 x 处的横截面上的轴力、剪力和弯矩（图中的轴力、剪力和弯矩均按正方向画出）。$v(x)$ 表示此截面形心的横向位移（挠度）。由该截断杆件的力矩平衡方程，可以推得轴力弯矩 M 的表达式为

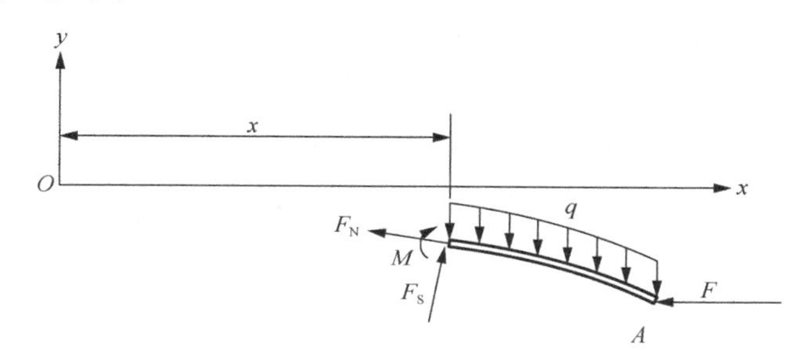

图 2.6.3　截断杆件在弯曲变形位置的受力图

$$M = -\frac{1}{2}q(l-x)^2 + \underline{F[v(l)-v(x)]} \tag{2.6.4}$$

式（2.6.4）中的画线项是轴向压力 F 在杆件弯曲变形中所产生的附加弯矩。将式（2.6.4）代入杆件的挠曲线近似微分方程 $EI\,v''(x) = M$，得到

$$EI\,v''(x) = -\frac{1}{2}q(l-x)^2 + \underline{F[v(l)-v(x)]} \tag{2.6.5}$$

式（2.6.5）中的画线项体现了轴向压力 F 对于杆件弯曲变形的影响。将式（2.6.5）两边对 x 求导数，整理后，得到

$$v'''(x) + \frac{F}{EI}v'(x) = -\frac{q}{EI}(x-l) \tag{2.6.6}$$

引入记号

$$\omega = \sqrt{\frac{F}{EI}} \tag{2.6.7}$$

和

$$a = -\frac{q}{EI} \tag{2.6.8}$$

则方程（2.6.6）可以简写为

$$v'''(x) + \omega^2 v'(x) = a(x-l) \tag{2.6.9}$$

相应的边界条件为

$$v(0)=0\,,\quad v'(0)=0\,,\quad v''(l)=0 \tag{2.6.10}$$

容易求得方程（2.6.9）且满足边界条件（2.6.10）的解析解为

$$v(x)=\frac{a}{\omega^4}\left[(\sec\omega l-\omega l\tan\omega l)(\cos\omega x-1)+\omega l\sin\omega x+\frac{\omega^2}{2}x(x-2l)\right] \tag{2.6.11}$$

由此得到杆件末端的挠度为

$$v(l)=\frac{a}{\omega^4}\left(1-\sec\omega l+\omega l\tan\omega l-\frac{1}{2}\omega^2 l^2\right) \tag{2.6.12}$$

再将式（2.6.7）和式（2.6.8）代入式（2.6.12），得到

$$v(l)=-\frac{EIq}{F^2}\left[1-\sec\left(l\sqrt{\frac{F}{EI}}\right)+l\sqrt{\frac{F}{EI}}\tan\left(l\sqrt{\frac{F}{EI}}\right)-\frac{Fl^2}{2EI}\right] \tag{2.6.13}$$

进一步由式（2.6.4），得到杆件根部的弯矩为

$$M\big|_{x=0}=-\frac{1}{2}ql^2+\underline{Fv(l)}=-\frac{1}{2}ql^2\underline{-\frac{EIq}{F}\left[1-\sec\left(l\sqrt{\frac{F}{EI}}\right)+l\sqrt{\frac{F}{EI}}\tan\left(l\sqrt{\frac{F}{EI}}\right)-\frac{Fl^2}{2EI}\right]} \tag{2.6.14}$$

式（2.6.14）中的画线项即为轴向压力 F 在杆件弯曲变形中在杆件的根部所引起的附加弯矩，在计算最大正应力时，将计入该项的贡献。

显然杆件根部的轴力

$$F_{\mathrm{N}}\big|_{x=0}=-F \tag{2.6.15}$$

最后将杆件根部的弯矩 $M\big|_{x=0}$ 与轴力 $F_{\mathrm{N}}\big|_{x=0}$ 对应的正应力进行叠加，得到最大正应力（最大正应力出现在杆件根部的下边缘且为压应力）为

$$\sigma_{\mathrm{c\,max}}=\left|\frac{M\big|_{x=0}}{W}\right|+\left|\frac{F_{\mathrm{N}}\big|_{x=0}}{A}\right|=\frac{ql^2}{2W}+\frac{F}{A}+\underline{\frac{EIq}{FW}\left[1-\sec\left(l\sqrt{\frac{F}{EI}}\right)+l\sqrt{\frac{F}{EI}}\tan\left(l\sqrt{\frac{F}{EI}}\right)-\frac{Fl^2}{2EI}\right]} \tag{2.6.16}$$

式（2.6.16）就是如图 2.6.1 所示的等截面杆件（悬臂梁）在轴向压力和横向均布力共同作用下的最大正应力的计算公式，该式中的画线项代表了轴向压力在杆件弯曲变形中所引起的附加弯矩对正应力的影响贡献，显然该式明显不同于按照一般材料力学方法得到未计入此影响贡献的对应式（2.6.3），式（2.6.16）比式（2.6.3）具有更高的分析精度和计算精度。由式（2.6.16）还可以直接建立所研究杆件的强度条件为

$$\sigma_{\mathrm{c\,max}}=\frac{ql^2}{2W}+\frac{F}{A}+\frac{EIq}{FW}\left[1-\sec\left(l\sqrt{\frac{F}{EI}}\right)+l\sqrt{\frac{F}{EI}}\tan\left(l\sqrt{\frac{F}{EI}}\right)-\frac{Fl^2}{2EI}\right]\leqslant[\sigma] \tag{2.6.17}$$

式中，$[\sigma]$ 为杆件的许用压应力。

第 3 章　弧形梁的弯曲变形分析

弧形梁（拱形梁）在建筑结构工程中的应用比较广泛，因此，研究这类梁的弯曲变形具有一定的实际意义。本章分别以弧形简支梁和弧形悬臂梁为例，研究此类梁弯曲变形的分析和计算问题。

3.1　弧形简支梁的弯曲变形分析

下面研究如图 3.1.1 所示的弧形简支梁在中部横向集中力 F 作用下的弯曲变形问题。设该梁的半径为 R，弧长为 l，弹性模量为 E，横截面惯性矩为 I。

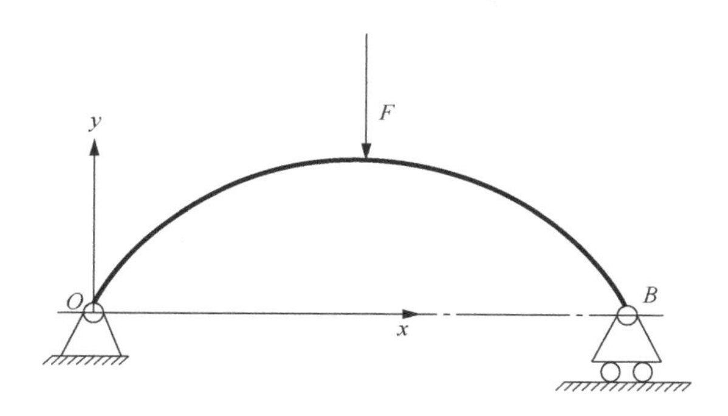

图 3.1.1　弧形简支梁

取该弧形梁为研究对象，受力如图 3.1.2 所示。由该梁的静力学平衡方程可求出两端的约束力

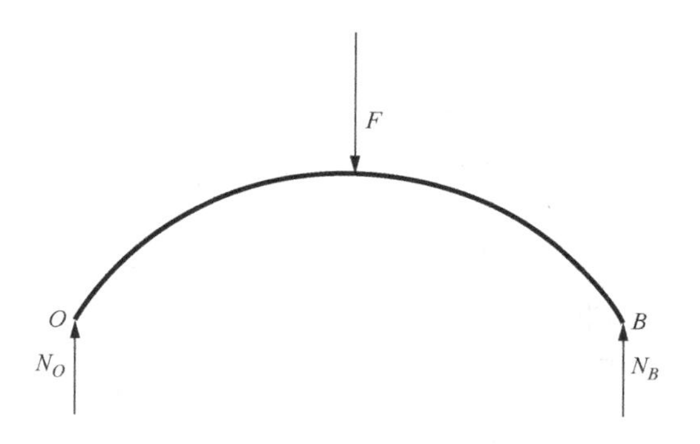

图 3.1.2　弧形简支梁的受力图

$$N_O = N_B = \frac{1}{2}F \tag{3.1.1}$$

从梁的 O 端开始，沿着梁的轴线取弧坐标为 s（$0<s<l/2$）的横截面的左侧梁段为研究对象，此段梁在弯曲变形位置的受力如图 3.1.3 所示，图中 N、Q 和 M 分别是弧坐标为 s 处的横截面上的轴力、剪力和弯矩（N、Q 和 M 的方向均按正方向画出）。由此段梁的静力学平衡方程，推导出剪力 Q 的表达式为

$$Q = N_O \cos\theta(s) = \frac{1}{2}F\cos\theta(s) \tag{3.1.2}$$

式中，$\theta(s)$ 为梁的轴线在弧坐标为 s 处的切线相对于水平线的倾角，见图 3.1.3。

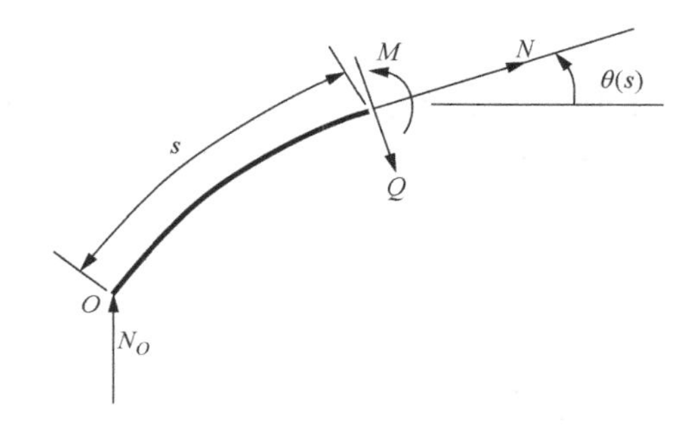

图 3.1.3　弧坐标为 s 的横截面的左侧梁段受力图

剪力 Q 和弯矩 M 之间的关系可表达为

$$Q = \frac{\mathrm{d}M}{\mathrm{d}s} \tag{3.1.3}$$

弯矩 M 与曲率变化量 $\Delta\kappa = \theta'(s) - \left(-\frac{1}{R}\right)$ 之间满足关系

$$M = EI\Delta\kappa = EI\left[\theta'(s) + \frac{1}{R}\right] \tag{3.1.4}$$

将式（3.1.2）和式（3.1.4）代入式（3.1.3），得到

$$EI\theta''(s) = \frac{1}{2}F\cos\theta(s) \tag{3.1.5}$$

这就是弧形简支梁的左半段在弯曲变形后满足的微分方程。下面接着考察与此微分方程相配套的边界条件。

由式（3.1.4），可得

$$M\big|_{s=0} = EI\left[\theta'(0) + \frac{1}{R}\right] \tag{3.1.6}$$

考虑到梁的 O 端为铰链约束，故有

$$M\big|_{s=0}=0 \tag{3.1.7}$$

比较式（3.1.6）和式（3.1.7），得到

$$EI\left[\theta'(0)+\frac{1}{R}\right]=0 \tag{3.1.8}$$

由此解得边界条件之一为

$$\theta'(0)=-\frac{1}{R} \tag{3.1.9}$$

考虑到梁的轴线在中部这一点处的切线保持水平（图 3.1.1），故有

$$\theta(l/2)=0 \tag{3.1.10}$$

式（3.1.9）和式（3.1.10）就是与微分方程（3.1.5）相配套的边界条件。

应用 Matlab bvp4c[3]，可以求出非线性常微分方程（3.1.5）满足边界条件（3.1.9）和边界条件（3.1.10）的数值解，在此基础上，应用式（3.1.11）和式（3.1.12）（数值积分）即可进一步求出弧形简支梁左半段挠曲线上任意一点的横坐标和纵坐标。

$$x(s)=\int_0^s\cos\theta(\xi)\mathrm{d}\xi \qquad (0\leqslant s\leqslant l/2) \tag{3.1.11}$$

$$y(s)=\int_0^s\sin\theta(\xi)\mathrm{d}\xi \qquad (0\leqslant s\leqslant l/2) \tag{3.1.12}$$

这就是弧形简支梁左半段挠曲线的确定方法。需要说明的是，这种方法对于梁的大变形和小变形都是适用的（只要变形在材料的线弹性范围内即可）。在弧形简支梁左半段的挠曲线被确定之后，其右半段的挠曲线可以采用对称性原理确定。

3.2　弧形简支梁的弯曲变形算例

一弧形简支梁的中部承受横向集中载荷 F 的作用，如图 3.1.1 所示，该梁的参数如下：梁的半径 $R=1\mathrm{m}$，弧长 $l=2\mathrm{m}$，弹性模量 $E=2.01\times10^{11}\mathrm{Pa}$，横截面惯性矩 $I=4.5\times10^{-11}\mathrm{m}^4$。试分别画出在 $F=7\mathrm{N}$ 和 14N 的情形下梁的挠曲线。

应用 3.1 节中所介绍的方法（算法），容易画出 $F=7\mathrm{N}$ 和 14N 的情形下梁的各自挠曲线形状，如图 3.2.1 所示。为了便于比较，图中还给出了未加载荷时（即 $F=0$ 时）梁的挠曲线。

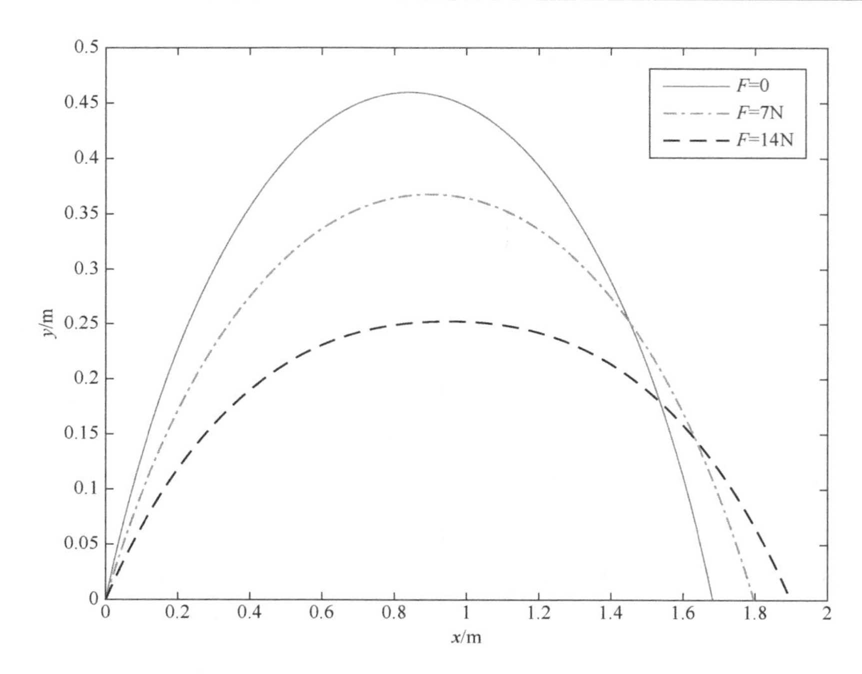

图 3.2.1　弧形简支梁在不同载荷作用下的挠曲线

3.3　弧形悬臂梁的弯曲变形分析

如图 3.3.1 所示的弧形悬臂梁，其自由度端承受水平集中力 F_1 和铅直集中力 F_2 的作用，下面研究该梁的弯曲变形。设该梁的半径为 R，弧长为 l，弹性模量为 E，横截面惯性矩为 I。

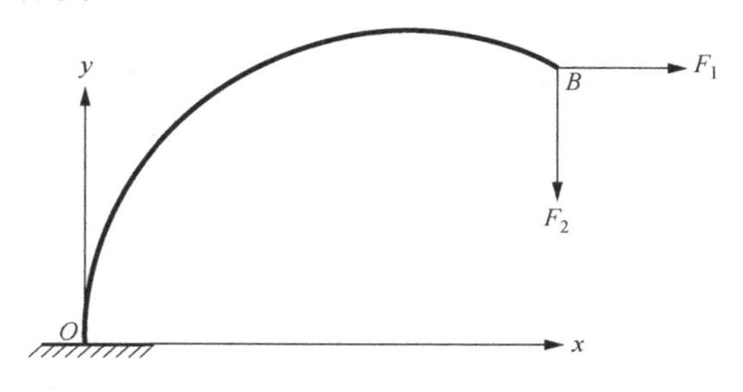

图 3.3.1　弧形悬臂梁

从梁的根部（O 端）开始，沿着梁的轴线取弧坐标为 s 的横截面的右侧梁段为研究对象，此段梁在弯曲变形位置的受力如图 3.3.2 所示，图中 N、Q 和 M 分别是弧坐标为 s 处的横截面上的轴力、剪力和弯矩（N、Q 和 M 的方向均按正方向画出）。根据该段梁的静力学平衡方程，推导出剪力 Q 的表达式为

$$Q = F_1 \sin\theta(s) + F_2 \cos\theta(s) \tag{3.3.1}$$

式中，$\theta(s)$ 为梁的轴线在弧坐标为 s 处的切线相对于水平线（相对于 x 轴）的倾角，见图 3.3.2。

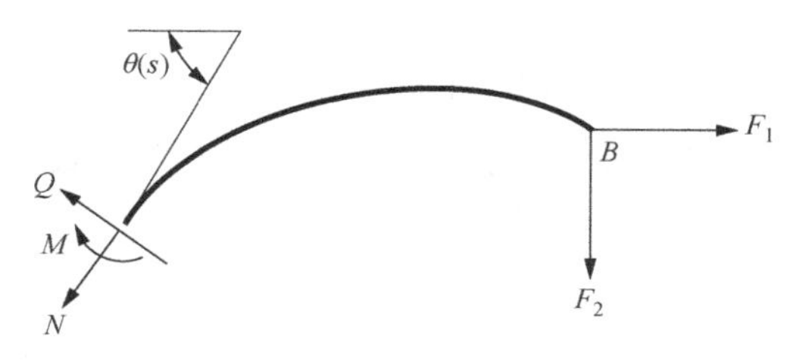

图 3.3.2　弧坐标为 s 的横截面的右侧梁段受力图

剪力 Q 和弯矩 M 之间的关系可表达为

$$Q = \frac{\mathrm{d}M}{\mathrm{d}s} \tag{3.3.2}$$

弯矩 M 与曲率变化量 $\Delta\kappa = \theta'(s) - \left(-\frac{1}{R}\right)$ 之间满足关系

$$M = EI\Delta\kappa = EI\left[\theta'(s) + \frac{1}{R}\right] \tag{3.3.3}$$

将式（3.3.1）和式（3.3.3）代入式（3.3.2），得到

$$EI\theta''(s) = F_1 \sin\theta(s) + F_2 \cos\theta(s) \tag{3.3.4}$$

这就是弧形悬臂梁在弯曲变形后满足的微分方程。下面考察与此微分方程相配套的边界条件。

考虑到梁的轴线在根部处的切线始终垂直于 x 轴（图 3.3.1），故有

$$\theta(0) = \frac{\pi}{2} \tag{3.3.5}$$

由式（3.3.3），可得

$$M\big|_{s=l} = EI\left[\theta'(l) + \frac{1}{R}\right] \tag{3.3.6}$$

考虑到梁在自由端（B 端）处的弯矩 $M\big|_{s=l} = 0$（图 3.3.2），故由式（3.3.6）得到

$$EI\left[\theta'(l) + \frac{1}{R}\right] = 0 \tag{3.3.7}$$

由此解得另一边界条件为

$$\theta'(l) = -\frac{1}{R} \tag{3.3.8}$$

式（3.3.5）和式（3.3.8）就是与微分方程（3.3.4）相配套的边界条件。

应用 Matlab bvp4c[3]可以求出非线性常微分方程（3.3.4）满足边界条件（3.3.5）

和边界条件（3.3.8）的数值解，在此基础上，应用式（3.3.9）和式（3.3.10）（数值积分）即可进一步求出挠曲线上任意一点的横坐标和纵坐标。

$$x(s)=\int_0^s \cos\theta(\xi)\mathrm{d}\xi \tag{3.3.9}$$

$$y(s)=\int_0^s \sin\theta(\xi)\mathrm{d}\xi \tag{3.3.10}$$

这就是弧形悬臂梁挠曲线的确定方法（只要变形在材料的线弹性范围内，该方法对于梁的大变形和小变形都是适用的）。

3.4　弧形悬臂梁的弯曲变形算例

图 3.3.1 所示的弧形悬臂梁，其自由度端承受水平集中力 F_1 和铅直集中力 F_2 的作用。设该梁的参数如下：梁的半径 $R=0.75\text{m}$，弧长 $l=1.5\text{m}$，弹性模量 $E=2.01\times10^{11}\text{Pa}$，横截面惯性矩为 $I=4.5\times10^{-11}\text{m}^4$。应用 3.3 节中所介绍的方法（算法），容易画出该梁在不同载荷组合作用下的挠曲线形状，如图 3.4.1 所示。

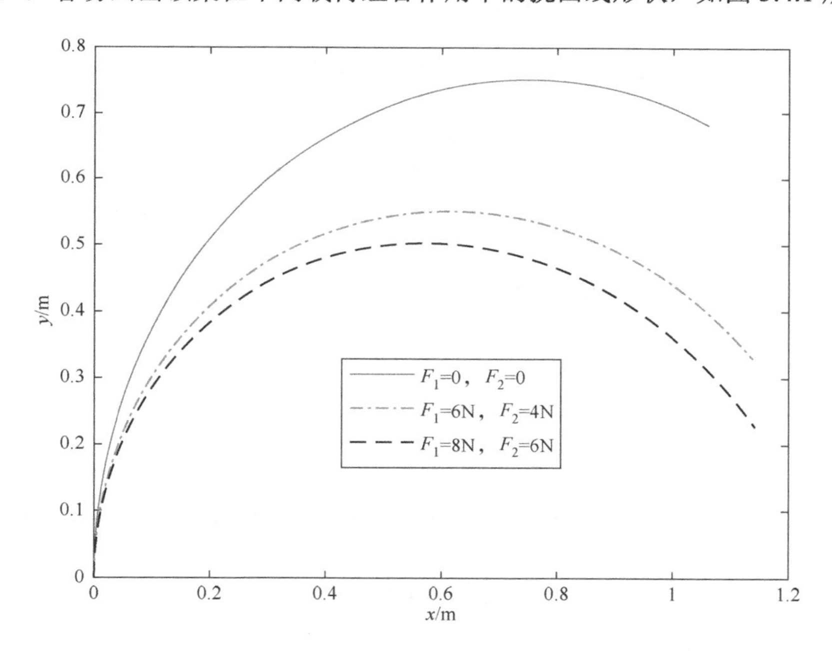

图 3.4.1　弧形悬臂梁在不同载荷组合作用下的挠曲线

第 4 章　作匀加速直线平移运动和匀速转动的悬臂梁的弯曲变形

图 4.0.1 所示的作匀加速直线平移运动的悬臂梁和图 4.0.2 所示的作匀速转动的悬臂梁上都存在沿轴向方向分布的惯性力，这种轴向惯性力对梁的弯曲变形具有一定影响，因此，研究此类梁的弯曲变形时，必须考虑上述影响。本章将分别讨论作匀加速直线平移运动的悬臂梁和作匀速转动运动的悬臂梁的弯曲变形问题。

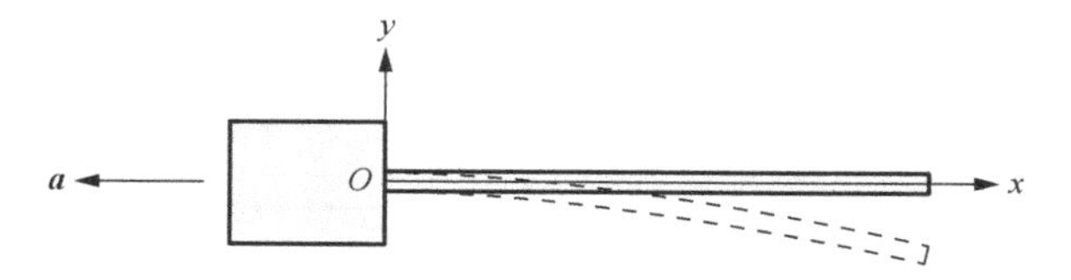

图 4.0.1　作匀加速直线平移运动的悬臂梁

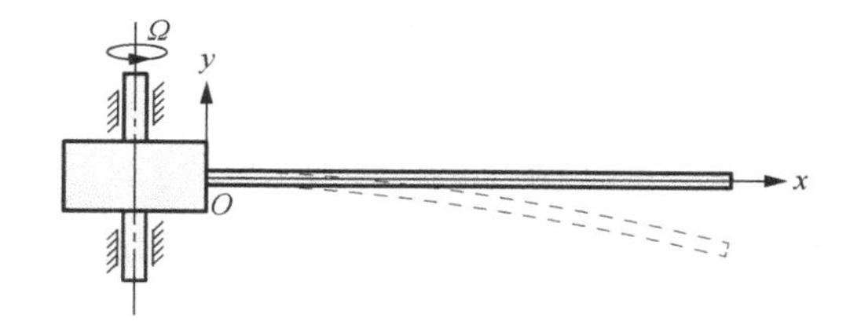

图 4.0.2　作匀速转动的悬臂梁

4.1　作匀加速直线平移运动的悬臂梁的弯曲变形

1）建模

下面研究如图 4.0.1 所示的在重力场中作匀加速直线平移运动的悬臂梁的弯曲变形问题，通过研究，旨在给出确定该梁挠曲线的数学模型（挠曲线函数）。设该梁的长度为l，横截面积为A，截面惯性矩为I，密度为ρ，弹性模量为E，梁的一端O固连于刚性基座上，基座以加速度$\boldsymbol{a}$向左作匀加速直线平移运动。图中的坐标系Oxy固连于基座，x轴沿悬臂梁未变形时的轴线，y轴竖直向上。为了推导出此梁的挠曲线函数，需首先考察梁在任意横截面上的弯矩，故选取横坐标为x的横截面的右侧梁段为研究对象，此段梁在弯曲变形位置的受力如图 4.1.1 所示，图中F_{N}、F_{S}和M分别为横坐标为x处的横截面上的轴力、剪力和弯矩（图中的轴力、剪力和弯矩均按正方向画出），另外，作用在此段梁上的还有重力和

轴向惯性力，根据达朗贝尔原理，可列出此段梁的力矩平衡方程，进而推导出弯矩 M 的表达式为

$$M(x)=-\int_{x}^{l}\rho Ag(\xi-x)\mathrm{d}\xi+\int_{x}^{l}\rho Aa[v(x)-v(\xi)]\mathrm{d}\xi \tag{4.1.1}$$

式中，v 表示挠度；右端的第一个积分项和第二个积分项分别为重力和轴向惯性力对于弯矩的贡献。将式（4.1.1）右端进行积分运算，得到

$$M(x)=-\frac{1}{2}\rho Ag(l-x)^2+\rho Aa[(l-x)v(x)-\int_{x}^{l}v(\xi)\mathrm{d}\xi] \tag{4.1.2}$$

从式（4.1.2）可以看出，考虑了轴向惯性力的影响后，弯矩函数 $M(x)$ 不仅与加速度 a 相关，而且与挠度函数 $v(x)$ 有关。

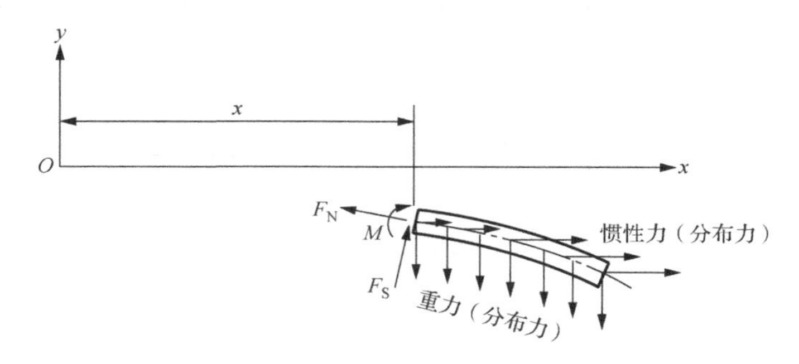

图 4.1.1　截断梁的受力图

将式（4.1.2）代入挠曲线近似微分方程 $EI\,v''(x)=M(x)$，得到

$$EI\,v''(x)=-\frac{1}{2}\rho Ag(l-x)^2+\underline{\rho Aa[(l-x)v(x)-\int_{x}^{l}v(\xi)\mathrm{d}\xi]} \tag{4.1.3}$$

方程（4.1.3）就是如图 4.0.1 所示的等截面悬臂梁在重力场中沿水平轴向向左作匀加速直线平移运动时的挠曲线微积分方程，方程中的画线项体现了轴向惯性力对梁弯曲变形产生的影响。考虑到梁的根部固连于刚性基座上，因此，其对应的边界条件为

$$v(0)=0\,,\quad v'(0)=0 \tag{4.1.4}$$

从数学上来讲，方程（4.1.3）满足边界条件（4.1.4）的解就是所研究梁的挠曲线函数，考虑到寻求其精确的解析解是十分困难的，为此，这里采用瑞利-里兹法求其近似的解析解。选取如下两个连续、二阶可导且满足边界条件（4.1.4）的线性无关的函数

$$v_1(x)=x^4-4lx^3+6l^2x^2 \tag{4.1.5}$$

和

$$v_2(x)=3x^5-10lx^4+10l^2x^3 \tag{4.1.6}$$

作为瑞利-里兹函数，这样可以将梁的挠曲线函数近似地表达为

$$v = c_1 v_1(x) + c_2 v_2(x) \tag{4.1.7}$$

式中，c_1 和 c_2 为两个待定的未知量，可按以下方法确定。将式（4.1.7）代入方程(4.1.3)后，在方程的两边同乘以 $v_i(x)(i=1,2)$，然后再沿梁长取定积分 $\int_0^l (\ )\mathrm{d}x$，化简后，获得如下两个关于 c_1 和 c_2 的线性代数方程：

$$\left(\frac{46}{175}\rho Aal^3 + \frac{12}{7}EI\right)c_1 + \left(\frac{449}{1540}\rho Aal^4 + \frac{57}{14}EIl\right)c_2 = -\frac{1}{14}\rho ag \tag{4.1.8}$$

$$\left(\frac{37}{220}\rho Aal^3 + \frac{15}{14}EI\right)c_1 + \left(\frac{59}{308}\rho Aal^4 + \frac{20}{7}EIl\right)c_2 = -\frac{5}{112}\rho ag \tag{4.1.9}$$

联立以上两个方程，求解后，得到

$$c_1 = \frac{-55\rho Ag(23\rho Aal^3 + 770EI)}{4(625\rho^2 A^2 a^2 l^6 + 39028\rho AaEIl^3 + 254100E^2 I^2)} \tag{4.1.10}$$

$$c_2 = \frac{132\rho^2 A^2 agl^2}{625\rho^2 A^2 a^2 l^6 + 39028\rho AaEIl^3 + 254100E^2 I^2} \tag{4.1.11}$$

最后，将式（4.1.5）、式（4.1.6）、式（4.1.10）和式（4.1.11）代入式（4.1.7），得到该梁的挠曲线函数为

$$v = -\frac{\rho Agx^2[55(23\rho Aal^3 + 770EI)(x^2 - 4lx + 6l^2) + 528\rho Aal^2 x(3x^2 - 10lx + 10l^2)]}{4(625\rho^2 A^2 a^2 l^6 + 39028\rho AaEIl^3 + 254100E^2 I^2)} \tag{4.1.12}$$

2）算例

设图 4.0.1 所示的在重力场中作匀加速直线平移运动的悬臂梁的参数如下：梁长 $l = 1\text{m}$，横截面积 $A = 6\times10^{-5}\text{m}^2$（宽度为 $2\times10^{-2}\text{m}$，厚度为 $3\times10^{-3}\text{m}$），截面惯性矩 $I = 4.5\times10^{-11}\text{m}^4$，弹性模量 $E = 2.01\times10^{11}\text{Pa}$，密度 $\rho = 7.866\times10^3\text{kg/m}^3$，重力加速度 $g = 9.8\text{m/s}^2$。试确定加速度 a 分别为 $-2g$、$-g$、0、g 和 $2g$（$a>0$，表示 $\boldsymbol{a}$ 的方向向左；$a<0$，表示 $\boldsymbol{a}$ 的方向向右）的情况下，该悬臂梁的挠曲线函数及对应的挠曲线形状。

将上述已知参数代入式（4.1.12），可以得到对应于以上不同加速度的挠曲线函数，将这些函数列于表 4.1.1 中。

表 4.1.1 对应于不同加速度的挠曲线函数

a	$v(x)$ / m
$-2g$	$-x^2[0.0244(x^2-4x+6)+3.2132\times10^{-4}x\,(3x^2-10x+10)]$
$-g$	$-x^2[0.0228(x^2-4x+6)+1.4731\times10^{-4}x\,(3x^2-10x+10)]$
0	$-0.0213x^2(x^2-4x+6)$
g	$-x^2[0.0200(x^2-4x+6)-1.2587\times10^{-4}x\,(3x^2-10x+10)]$
$2g$	$-x^2[0.0189(x^2-4x+6)-2.3427\times10^{-4}x\,(3x^2-10x+10)]$

图 4.1.2 是根据表 4.1.1 中的各挠曲线函数画出的对应挠曲线。由图 4.1.2 容易看出，悬臂梁的弯曲变形程度随着其加速度的增大而减小。

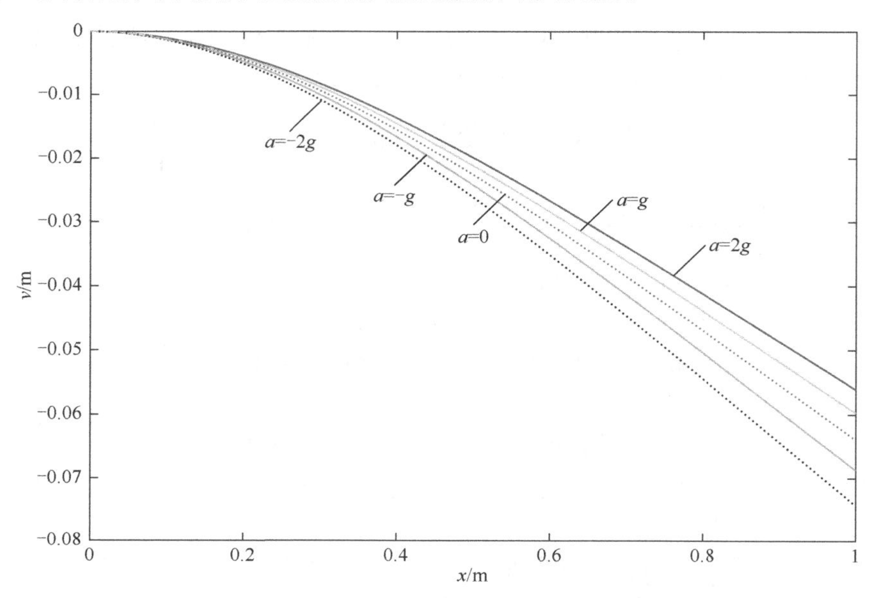

图 4.1.2　对应于不同加速度的挠曲线形状

4.2　匀速转动悬臂梁的弯曲变形

转动悬臂梁是工程中较为常见的一类运动构件（如直升机的螺旋桨和转动机械臂等），研究转动悬臂梁的弯曲变形具有重要的实际意义[8]。处于转动状态的悬臂梁（图 4.0.2），因其离心惯性力的影响，梁的弯曲变形程度小于对应的静态悬臂梁的弯曲变形。因此，为了更加精准地研究转动悬臂梁的弯曲变形，必须计入离心惯性力对于梁弯曲变形产生的影响。本节将讨论匀速转动悬臂梁的弯曲变形问题。

1）匀速转动悬臂梁的挠曲线微积分方程

下面以如图 4.0.2 所示的在重力场中作匀速转动的等截面悬臂梁为例，建立描述其弯曲变形的挠曲线微积分方程[8]。设此梁的长度为l，横截面积为A，截面惯性矩为I，密度为ρ，弹性模量为E，梁的一端O固连于半径为r的刚性轮毂上，轮毂以匀角速度Ω绕铅直轴转动。图中的坐标系Oxy固连于刚性轮毂，x轴沿悬臂梁未变形时的轴线，y轴铅直向上。为了推导出该转动梁的挠曲线微积分方程，需首先考察梁在任意横截面上的弯矩，为此选取横坐标为x的横截面的右侧梁段为研究对象，此段梁在弯曲变形位置的受力如图 4.2.1 所示，图中F_N、F_S和M分

别为横坐标为 x 处的横截面上的轴力、剪力和弯矩（图中的轴力、剪力和弯矩均按正方向画出）。此外，作用在该段梁上的还有重力和离心惯性力，根据达朗贝尔原理，可列出此段梁的力矩平衡方程，进而推导出弯矩 M 的表达式为

$$M(x)=-\int_x^l \rho Ag(\xi-x)\mathrm{d}\xi+\int_x^l \rho A\Omega^2(\xi+r)[v(x)-v(\xi)]\mathrm{d}\xi \tag{4.2.1}$$

式中，v 表示挠度；右端的第一个积分项和第二个积分项分别为重力和离心惯性力对弯矩的贡献。将式（4.2.1）的右端进行积分运算，得到

$$M(x)=-\frac{1}{2}\rho Ag(l-x)^2+\frac{1}{2}\rho A\Omega^2\left[(l-x)(l+2r+x)v(x)-2\int_x^l(\xi+r)v(\xi)\mathrm{d}\xi\right] \tag{4.2.2}$$

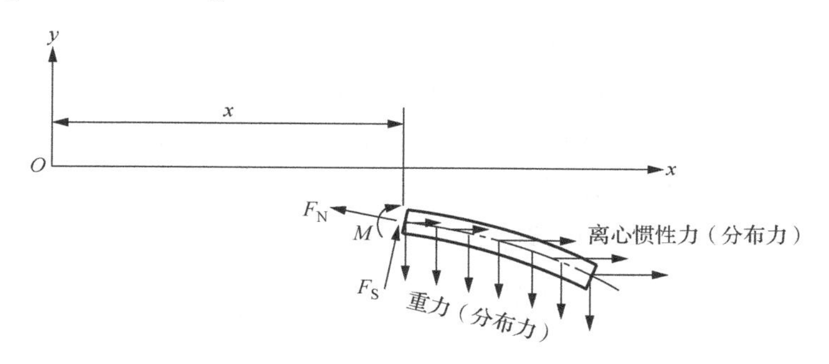

图 4.2.1　匀速转动悬臂梁中截断梁的受力图

将式（4.2.2）代入挠曲线近似微分方程 $EI\,v''(x)=M(x)$，得到

$$EI\,v''(x)=-\frac{1}{2}\rho Ag(l-x)^2+\underline{\frac{1}{2}\rho A\Omega^2\left[(l-x)(l+2r+x)v(x)-2\int_x^l(\xi+r)v(\xi)\mathrm{d}\xi\right]} \tag{4.2.3}$$

方程（4.2.3）就是等截面悬臂梁在重力场中匀速转动时的挠曲线微积分方程，方程中的画线项体现了离心惯性力对梁弯曲变形产生的影响。考虑到梁的根部固连于刚性轮毂上，因此，其相应的边界条件为

$$v(0)=0\,,\quad v'(0)=0 \tag{4.2.4}$$

当角速度 $\Omega=0$ 时，方程（4.2.3）退化为

$$EI\,v''(x)=-\frac{1}{2}\rho Ag(l-x)^2 \tag{4.2.5}$$

方程（4.2.5）就是一般材料力学教材中给出的静态等截面悬臂梁仅在重力作用下的挠曲线微分方程。

2）匀速转动悬臂梁的挠曲线函数

从数学上来讲，方程（4.2.3）满足边界条件（4.2.4）的解就是所研究的匀速转动悬臂梁的挠曲线函数。考虑到寻求其精确的解析解是十分困难的，这里采用瑞利-里兹法[2]求其近似的解析解。

选取如下两个连续、二阶可导且满足边界条件（4.2.4）的线性无关的函数

$$v_1(x) = x^4 - 4lx^3 + 6l^2x^2 \tag{4.2.6}$$

和

$$v_2(x) = 3x^5 - 10lx^4 + 10l^2x^3 \tag{4.2.7}$$

作为瑞利-里兹函数，这样可以将梁的挠曲线函数近似地表达为

$$v = c_1v_1(x) + c_2v_2(x) \tag{4.2.8}$$

式中，c_1和c_2为两个待定的未知量，可按以下的方法确定。将式（4.2.8）代入方程(4.2.3)后，在方程的两边同乘以$v_i(x)(i=1,2)$，然后再沿梁长取定积分$\int_0^l(\ )\mathrm{d}x$，化简后，获得如下两个关于c_1和c_2的线性代数方程：

$$\begin{aligned}&[79200EI + \rho Al^3\Omega^2(10134l + 12144r)]c_1\\&+[188100EI + \rho Al^3\Omega^2(11395l + 13470r)]lc_2 = -3300\rho Ag\end{aligned} \tag{4.2.9}$$

$$\begin{aligned}&[772200EI + \rho Al^3\Omega^2(103142l + 121212r)]c_1\\&+[2059200EI + \rho Al^3\Omega^2(118660l + 138060r)]lc_2 = -32175\rho Ag\end{aligned} \tag{4.2.10}$$

联立以上两个方程，求解后，得到

$$\begin{aligned}c_1 =& -\rho Ag[1177296120000E^2I^2 + 495\rho^2A^2l^6\Omega^4(10213383l^2 + 21329326lr\\&+10893168r^2) + 495\rho Al^3EI\Omega^2(384144420l + 435726720r)]/\{[79200EI\\&+\rho Al^3\Omega^2(10134l + 12144r)][356756400E^2I^2 + \rho Al^3\Omega^2(543947\rho Al^5\Omega^2\\&+877500\rho Al^3\Omega^2r^2 + 1391472\rho Al^4\Omega^2r + 41311512EIl + 54795312EIr)]\}\end{aligned} \tag{4.2.11}$$

$$\begin{aligned}c_2 =& 429\rho^2A^2l^2\Omega^2g(667l + 432r)/[356756400E^2I^2 + \rho Al^3\Omega^2\\&\cdot(543947\rho Al^5\Omega^2 + 877500\rho Al^3\Omega^2r^2 + 1391472\rho Al^4\Omega^2r\\&+41311512EIl + 54795312EIr)]\end{aligned} \tag{4.2.12}$$

将式（4.2.11）、式（4.2.12）和式（4.2.6）、式（4.2.7）代入式（4.2.8）后，得到该匀速转动悬臂梁的挠曲线函数为

$$\begin{aligned}v =& -\rho Ag[1177296120000E^2I^2 + 495\rho^2A^2l^6\Omega^4(10213383l^2 + 21329326lr\\&+10893168r^2) + 495\rho Al^3EI\Omega^2(384144420l + 435726720r)]/\{[79200EI\\&+\rho Al^3\Omega^2(10134l + 12144r)][356756400E^2I^2 + \rho Al^3\Omega^2(543947\rho Al^5\Omega^2\\&+877500\rho Al^3\Omega^2r^2 + 1391472\rho Al^4\Omega^2r + 41311512EIl + 54795312EIr)]\}\\&\cdot(x^4 - 4lx^3 + 6l^2x^2) + 429\rho^2A^2l^2\Omega^2g(667l + 432r)/[356756400E^2I^2\\&+\rho Al^3\Omega^2(543947\rho Al^5\Omega^2 + 877500\rho Al^3\Omega^2r^2 + 1391472\rho Al^4\Omega^2r\\&+41311512EIl + 54795312EIr)](3x^5 - 10lx^4 + 10l^2x^3)\end{aligned} \tag{4.2.13}$$

显然应用此函数可以解析地分析和计算匀速转动悬臂梁的挠曲线形状。

3）算例

设如图 4.0.2 所示的转动悬臂梁的参数如下[8]：梁长 $l=0.7\text{m}$，横截面积 $A=6\times10^{-5}\text{m}^2$（宽度为 $2\times10^{-2}\text{m}$，厚度为 $3\times10^{-3}\text{m}$），截面惯性矩 $I=4.5\times10^{-11}\text{m}^4$，弹性模量 $E=2.01\times10^{11}\text{Pa}$，密度 $\rho=7.866\times10^3\text{kg/m}^3$，重力加速度 $g=9.8\text{m/s}^2$。轮毂半径 $r=0.15\text{m}$。试确定在角速度 $\varOmega$ 分别为 0、$2\pi\text{rad/s}$、$4\pi\text{rad/s}$、$6\pi\text{rad/s}$ 和 $8\pi\text{rad/s}$ 的情况下转动时，此悬臂梁的挠曲线函数及对应的挠曲线形状。

将上述已知参数代入式（4.2.13），可以得到对应于以上不同角速度的挠曲线函数[8]，将这些函数列于表 4.2.1 中。

表 4.2.1　对应于不同角速度的挠曲线函数

$\varOmega$/ (rad/s)	$v(x)$ /m
0	$-x^2(0.0213x^2-0.0597x+0.0626)$
2π	$x^2(9.2168\times10^{-4}x^3-0.0224x^2+0.0581x-0.0595)$
4π	$x^2(0.0030x^3-0.0247x^2+0.0543x-0.0518)$
6π	$x^2(0.0052x^3-0.0268x^2+0.0496x-0.0431)$
8π	$x^2(0.0068x^3-0.0279x^2+0.0448x-0.0354)$

图 4.2.2 是根据表 4.2.1 中的各挠曲线函数画出的对应挠曲线[8]。由图 4.2.2 容易看出，转动悬臂梁的弯曲变形随着其角速度的增大而变小。这一结论与实际观察到的“直升机螺旋桨的弯曲变形随着螺旋桨角速度的增大而变小”的现象一致。

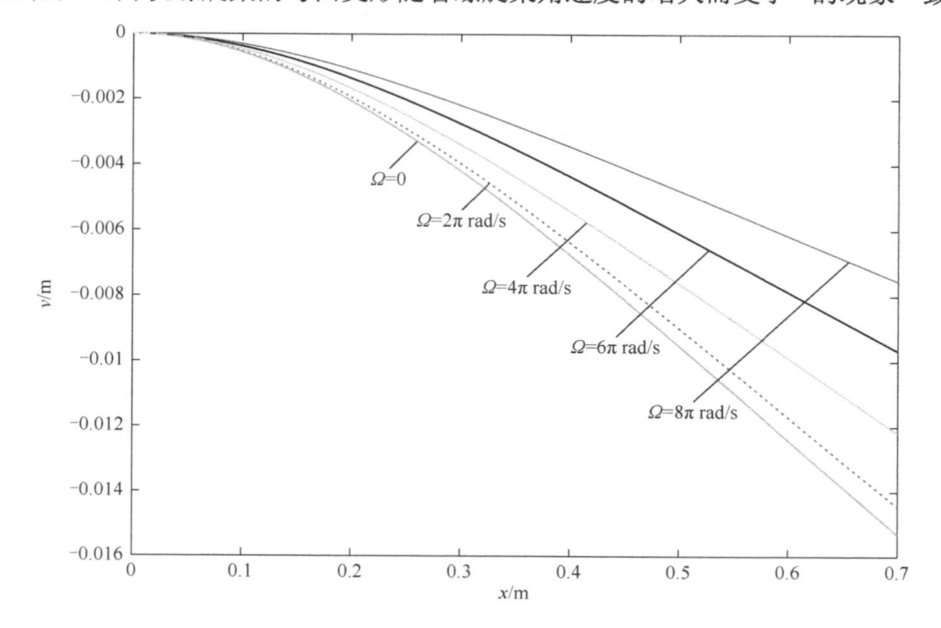

图 4.2.2　对应于不同角速度的挠曲线形状

第5章　两端被轴向固定的静不定弹性梁的弯曲振动

常见的两端被轴向固定的静不定梁包括图 5.0.1 所示的两端均为固定端约束的梁、图 5.0.2 所示的两端均为固定圆柱铰链约束的梁和图 5.0.3 所示的一端为固定端约束，另一端为固定圆柱铰链约束的梁。上述两端被轴向固定的静不定梁在外界干扰下发生弯曲强迫振动（或发生弯曲自由振动）时，梁的轴线同时也会被拉长，因此，在梁的两端和梁内必然会出现相应的轴向拉力，而这种轴向拉力又会对梁的弯曲振动产生显著的影响。基于此，在研究两端被轴向固定的静不定梁的弯曲振动时，必须计入这种轴向拉力的影响。本章介绍考虑轴向力影响的两端被轴向固定的静不定梁弯曲振动的分析及计算的有关内容。

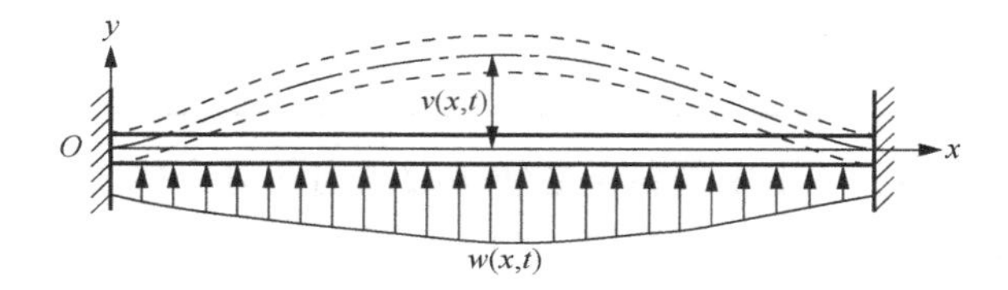

图 5.0.1　两端均为固定端约束的静不定梁的弯曲振动

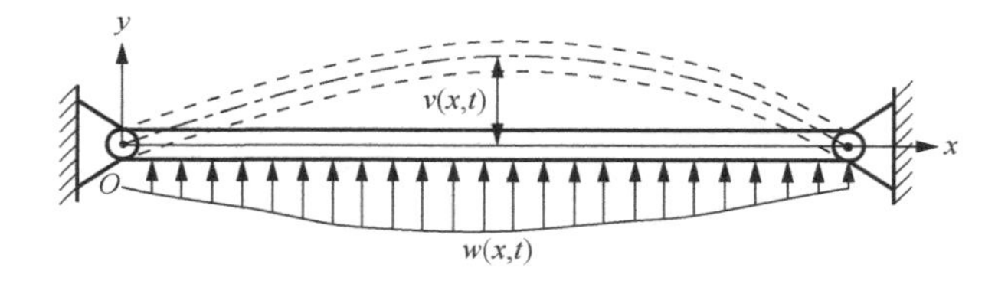

图 5.0.2　两端均为固定圆柱铰链约束的静不定梁的弯曲振动

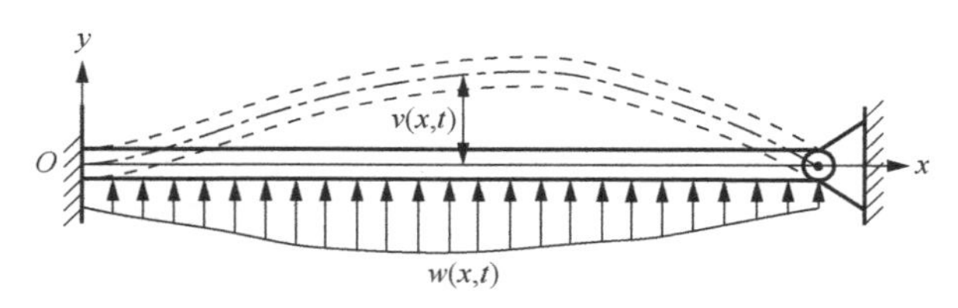

图 5.0.3　两端分别为固定端约束和固定圆柱铰链约束的静不定梁的弯曲振动

5.1　两端被轴向固定的静不定弹性梁的弯曲振动偏微分积分方程

两端被轴向固定的静不定梁主要包括图 5.0.1、图 5.0.2 和图 5.0.3 所示的三类梁，下面研究这三类梁在横向分布激扰力作用下的弯曲振动问题（图中 $w(x,t)$ 表示载荷集度，$v(x,t)$ 表示梁的挠度）。为了导出梁的弯曲振动方程，特取梁微段 $\mathrm{d}x$ 为研究对象，画出其在任意时刻的受力图（图 5.1.1），图中 N、Q 和 M 分别为作用在梁微段左端面的轴力、剪力和弯矩，θ 为梁微段左端面的转角。为了符号推导的方便，该图中的轴力、剪力、弯矩、挠度和截面转角都被假定为正值。应用牛顿第二定律，可以写出梁微段 $\mathrm{d}x$ 沿 y 轴方向的运动微分方程为

$$\rho A \mathrm{d}x \frac{\partial^2 v}{\partial t^2} = w\mathrm{d}x - N\sin\theta + Q\cos\theta + \left(N + \frac{\partial N}{\partial x}\mathrm{d}x\right)\sin\left(\theta + \frac{\partial \theta}{\partial x}\mathrm{d}x\right) - \left(Q + \frac{\partial Q}{\partial x}\mathrm{d}x\right)\cos\left(\theta + \frac{\partial \theta}{\partial x}\mathrm{d}x\right) \tag{5.1.1}$$

式中，ρ 为梁的密度；A 为梁的横截面积。在梁的小变形情形下，有

$$\sin\theta \approx \theta \tag{5.1.2}$$

$$\cos\theta \approx 1 \tag{5.1.3}$$

$$\sin\left(\theta + \frac{\partial \theta}{\partial x}\mathrm{d}x\right) \approx \theta + \frac{\partial \theta}{\partial x}\mathrm{d}x \tag{5.1.4}$$

$$\cos\left(\theta + \frac{\partial \theta}{\partial x}\mathrm{d}x\right) \approx 1 \tag{5.1.5}$$

$$\theta \approx \frac{\partial v}{\partial x} \tag{5.1.6}$$

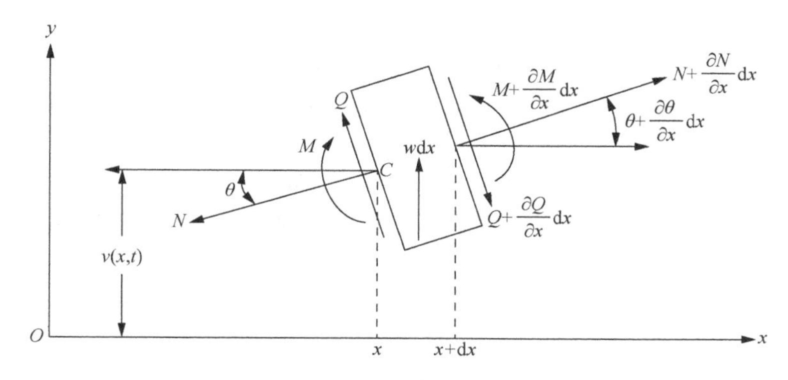

图 5.1.1　梁在弯曲振动中的梁微段受力图

将式（5.1.2）～式（5.1.5）代入式（5.1.1），得到

$$\rho A\mathrm{d}x\frac{\partial^2 v}{\partial t^2}=w\mathrm{d}x-\frac{\partial Q}{\partial x}\mathrm{d}x+\theta\frac{\partial N}{\partial x}\mathrm{d}x+N\frac{\partial \theta}{\partial x}\mathrm{d}x+\frac{\partial N}{\partial x}\cdot\frac{\partial \theta}{\partial x}\cdot(\mathrm{d}x)^2 \tag{5.1.7}$$

忽略式（5.1.7）中所含有的二阶微量项$\frac{\partial N}{\partial x}\cdot\frac{\partial \theta}{\partial x}\cdot(\mathrm{d}x)^2$，再将该式的两端同除以$\mathrm{d}x$，得到

$$\rho A\frac{\partial^2 v}{\partial t^2}=w-\frac{\partial Q}{\partial x}+\theta\frac{\partial N}{\partial x}+N\frac{\partial \theta}{\partial x} \tag{5.1.8}$$

如图 5.1.1 所示，在忽略梁微段转动惯性的情形下（伯努利-欧拉梁假设），有

$$\sum M_C=0 \tag{5.1.9}$$

即

$$\left(M+\frac{\partial M}{\partial x}\mathrm{d}x\right)-M-\left(Q+\frac{\partial Q}{\partial x}\mathrm{d}x\right)\mathrm{d}x=0 \tag{5.1.10}$$

将式（5.1.10）中所含有的二阶微量项$\frac{\partial Q}{\partial x}\cdot(\mathrm{d}x)^2$忽略，再将该式的两端同除以$\mathrm{d}x$，得到

$$Q=\frac{\partial M}{\partial x} \tag{5.1.11}$$

将伯努利-欧拉公式$M=EI\frac{\partial^2 v}{\partial x^2}$代入式（5.1.11），并设所研究的梁为等截面梁，则有

$$Q=EI\frac{\partial^3 v}{\partial x^3} \tag{5.1.12}$$

将式（5.1.12） 代入式（5.1.8），得到

$$\rho A\frac{\partial^2 v}{\partial t^2}=w-EI\frac{\partial^4 v}{\partial x^4}+\underline{\frac{\partial(N\theta)}{\partial x}} \tag{5.1.13}$$

式（5.1.13）中的画线项体现了轴力N对于梁弯曲振动的影响。

研究梁的弯曲振动时，可以忽略梁的轴向惯性，这样梁在任意横截面上的轴力都相等，且都等于梁的两端所承受的轴向拉力，即

$$N=N_{\mathrm{L}}=N_{\mathrm{R}}=k\cdot\Delta l \tag{5.1.14}$$

式中，N_{L}和N_{R}分别为梁的左右两端所承受的轴向拉力；k为梁的轴向刚度；Δl为梁的伸长量。其中，

$$k=\frac{EA}{l} \tag{5.1.15}$$

$$\Delta l=\int_0^l\sqrt{1+(v')^2}\,\mathrm{d}x-l\approx\int_0^l\left[1+\frac{1}{2}(v')^2\right]\mathrm{d}x-l=\frac{1}{2}\int_0^l(v')^2\,\mathrm{d}x \tag{5.1.16}$$

式中，l 为梁的长度（原长）。

将式（5.1.15）和式（5.1.16）代入式（5.1.14），得到

$$N=\frac{EA}{2l}\int_0^l (v')^2\,\mathrm{d}x \tag{5.1.17}$$

再将式（5.1.7）和式（5.1.6）代入式（5.1.13），得到

$$\rho A\frac{\partial^2 v}{\partial t^2}=w(x,t)-EI\frac{\partial^4 v}{\partial x^4}+\underline{\frac{EA}{2l}v''\int_0^l (v')^2\,\mathrm{d}x} \tag{5.1.18}$$

方程（5.1.18）就是两端被轴向固定的静不定梁弯曲振动的偏微分积分方程，方程中的画线项体现了轴向力对于此类梁弯曲振动的影响，与该方程配套的边界条件如下。

（1）两端均为固定端约束（图 5.0.1）：$v(0,t)=0$，$v'(0,t)=0$，$v(l,t)=0$，$v'(l,t)=0$；

（2）两端均为固定圆柱铰链约束（图 5.0.2）：$v(0,t)=0$，$v''(0,t)=0$，$v(l,t)=0$，$v''(l,t)=0$；

（3）左端为固定端约束，右端为固定圆柱铰链约束（图 5.0.3）：$v(0,t)=0$，$v'(0,t)=0$，$v(l,t)=0$，$v''(l,t)=0$。

方程（5.1.18）和上述边界条件之一共同构成了研究相应的两端被轴向固定的静不定梁在横向分布激扰力作用下的弯曲振动的数学模型，此数学模型的解即为梁的弯曲振动响应。

5.2　两端被轴向固定的静不定弹性梁弯曲振动响应的算法

方程（5.1.18）是一非线性偏微分积分方程，要获得其精确的解析解是非常困难的。因此，这里应用假设模态法[9]寻求其近似的数值解。根据假设模态法，可以将 $v(x,t)$ 表达为

$$v(x,t)=\sum_{i=1}^{n}Y_i(x)\,q_i(t) \tag{5.2.1}$$

式中，$Y_i(x)$ 为满足梁的边界条件的假设模态函数；$q_i(t)$ 为广义坐标；n 为截取的假设模态函数的个数。下面介绍假设模态函数的选取方式：对于图 5.0.1 所示的两端均为固定端约束的等截面梁而言，其假设模态函数可以选取为[10]

$$Y_i(x)=\cos\beta_i x-\cosh\beta_i x+\gamma_i(\sin\beta_i x-\sinh\beta_i x)\quad (i=1,2,\cdots,n) \tag{5.2.2}$$

有

$$\beta_1 l=4.730041,\qquad \beta_i l\approx(i+0.5)\pi\quad (i=1,2,\cdots,n) \tag{5.2.3}$$

$$\gamma_i=-\frac{\cos\beta_i l-\cosh\beta_i l}{\sin\beta_i l-\sinh\beta_i l}\quad (i=1,2,\cdots,n) \tag{5.2.4}$$

对于图 5.0.2 所示的两端均为固定圆柱铰链约束的等截面梁而言，其假设模态函数可选取为[10]

$$Y_i(x)=\sin\frac{i\pi x}{l}\quad (i=1,2,\cdots,n)\tag{5.2.5}$$

对于图 5.0.3 所示左端为固定端约束，右端为固定圆柱铰链约束的等截面梁而言，其假设模态函数可选取为[10]

$$Y_i(x)=\cos\alpha_i x-\cosh\alpha_i x+\lambda_i(\sin\alpha_i x-\sinh\alpha_i x)\quad (i=1,2,\cdots,n)\tag{5.2.6}$$

有

$$\alpha_i l\approx(i+0.25)\pi\quad (i=1,2,\cdots,n)\tag{5.2.7}$$

$$\lambda_i=-\frac{\cos\alpha_i l-\cosh\alpha_i l}{\sin\alpha_i l-\sinh\alpha_i l}\quad (i=1,2,\cdots,n)\tag{5.2.8}$$

以上针对两端被轴向固定的静不定梁，分三种约束情形介绍了假设模态函数的具体选取方式。现在返回到假设模态法的表达式（5.2.1），将该式代入方程（5.1.18），并在方程的两边同乘以 $Y_s(x)\,(s=1,2,\cdots,n)$ ，再沿梁长取定积分（积分时考虑模态函数的正交性），得到

$$M_s\ddot{q}_s(t)=F_s(t)-K_s q_s(t)+\left[\sum_{i=1}^{n}b_{is}q_i(t)\right]\left[\sum_{i=1}^{n}\sum_{j=1}^{n}c_{ij}q_i(t)q_j(t)\right]\quad (s=1,2,\cdots,n)\tag{5.2.9}$$

式中

$$M_s=\rho A\int_0^l[Y_s(x)]^2\,\mathrm{d}x\quad (s=1,2,\cdots,n)\tag{5.2.10}$$

$$F_s(t)=\int_0^l Y_s(x)\,w(x,t)\,\mathrm{d}x\quad (s=1,2,\cdots,n)\tag{5.2.11}$$

$$K_s=EI\int_0^l Y_s(x)Y_s^{(\mathrm{iv})}(x)\,\mathrm{d}x\quad (s=1,2,\cdots,n)\tag{5.2.12}$$

$$b_{is}=\frac{EA}{2l}\int_0^l Y_i''(x)Y_s(x)\,\mathrm{d}x\quad (i,s=1,2,\cdots,n)\tag{5.2.13}$$

$$c_{ij}=\int_0^l Y_i'(x)\,Y_j'(x)\,\mathrm{d}x\quad (i,j=1,2,\cdots,n)\tag{5.2.14}$$

如果作用在梁上的激扰力不是横向分布力，而是横向集中力 $P(t)$（作用在 $x=\xi$ 处，如图 5.2.1 所示），则应用 δ 函数（单位脉冲函数）可以将这一集中力等效地表达为载荷集度是 $w(x,t)=P(t)\delta(x-\xi)$ 的分布力，将该式代入式（5.2.11），得到

$$F_s(t)=P(t)Y_s(\xi)\tag{5.2.15}$$

式（5.2.15）就是梁承受横向集中力的情况下，计算 $F_s(t)$ 的公式；式（5.2.11）是梁承受横向分布力的情况下，计算 $F_s(t)$ 的公式。

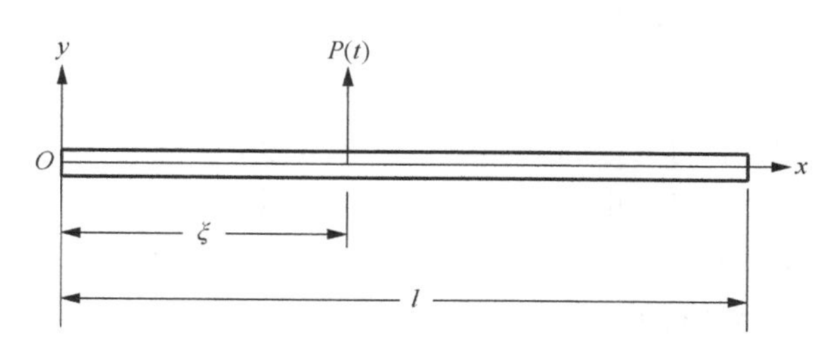

图 5.2.1　承受横向集中力的梁

方程组（5.2.9）是关于各广义坐标的一组二阶非线性常微分方程，一般无法求得其解析解，故可以考虑应用 Matlab ode45 solver[3]求其近似的数值解。为此需要预先确定各广义坐标和广义速度的初始值，这些初始值可以采用以下的方法来确定。令式（5.2.1）中的$t=0$，则有

$$v(x,0)=\sum_{i=1}^{n}Y_i(x)q_i(0) \tag{5.2.16}$$

在式（5.2.16）的两边同乘以$\rho AY_s(x)\ (s=1,2,\cdots,n)$，然后沿梁长取定积分（积分时考虑模态函数的正交性），得到

$$\rho A\int_0^l Y_s(x)v(x,0)\mathrm{d}x=q_s(0)\rho A\int_0^l [Y_s(x)]^2\,\mathrm{d}x \quad (s=1,2,\cdots,n) \tag{5.2.17}$$

将式（5.2.10）代入式（5.2.17），得到

$$\rho A\int_0^l Y_s(x)v(x,0)\mathrm{d}x=M_s q_s(0) \quad (s=1,2,\cdots,n) \tag{5.2.18}$$

由此解得

$$q_s(0)=\frac{\rho A}{M_s}\int_0^l Y_s(x)v(x,0)\mathrm{d}x \quad (s=1,2,\cdots,n) \tag{5.2.19}$$

同理可得

$$\dot{q}_s(0)=\frac{\rho A}{M_s}\int_0^l Y_s(x)\dot{v}(x,0)\mathrm{d}x \quad (s=1,2,\cdots,n) \tag{5.2.20}$$

根据式（5.2.19）和式（5.2.20）确定出各广义坐标和广义速度的初始值，在此基础上，应用 Matlab ode45 solver[3]求常微分方程组（5.2.9）初值问题的数值解，即可获得各广义坐标$q_s(t)\ (s=1,2,\cdots,n)$对应于不同时刻的数值，最后，再应用式（5.2.1）即可求得梁的弯曲振动响应。

基于以上分析，可以将确定两端被轴向固定的静不定弹性梁的弯曲振动响应的算法总结如下（注意该算法计入了轴向力的影响）。

（1）选定假设模态函数 $Y_i(x)$ $(i=1,2,\cdots,n)$ 的具体形式：①对于两端均为固定端约束的等截面梁而言，其假设模态函数可按照式（5.2.2）来选取；②对于两端均为固定圆柱铰链约束的等截面梁而言，其假设模态函数可按照式（5.2.5）来选取；③对于左端为固定端约束，右端为固定圆柱铰链约束的等截面梁而言，其假设模态函数可按照式（5.2.6）来选取。

（2）分别由式（5.2.10）、式（5.2.12）、式（5.2.13）和式（5.2.14）计算出 M_s 、K_s 、 b_{is} 和 c_{ij} 的值 $(i,j,s=1,2,\cdots,n)$ 。

（3）确定函数 $F(t)$ ：①如果作用在梁上的激扰力是横向分布力，则由式（5.2.11）确定函数 $F(t)$ ；②如果作用在梁上的激扰力是横向集中力，则由式（5.2.15）确定函数 $F(t)$ 。

（4）分别由式（5.2.19）和式（5.2.20）计算出 $q_s(0)$ 和 $\dot{q}_s(0)$ 的值 $(s=1,2,\cdots,n)$ 。

（5）应用 Matlab ode45 solver[3]求常微分方程组（5.2.9）初值问题的数值解，进而得到各广义坐标 $q_s(t)$ $(s=1,2,\cdots,n)$ 对应于不同时刻的数值。

（6）最后应用式（5.2.1）求得梁的弯曲振动响应。

5.3　两端均为固定端约束的静不定梁的自由振动算例

一根两端均为固定端约束的静不定梁，如图 5.3.1 所示，其载荷集度为 $w=0$ ，梁的弹性模量 $E=2.1\times10^{11}\,\text{N/m}^2$ ，密度 $\rho=7.8\times10^3\,\text{kg/m}^3$ ，设该梁在变形前的参数如下：长度 $l=1\text{m}$ ，横截面积 $A=6\times10^{-5}\,\text{m}^2$ （宽度为 $1.2\times10^{-2}\,\text{m}$ ，厚度为 $5\times10^{-3}\,\text{m}$ ），截面惯性矩 $I=1.25\times10^{-10}\,\text{m}^4$ 。梁的初始状态为 $v(x,0)=\dfrac{16a}{l^4}x^2(x-l)^2$ 和 $\dot{v}(x,0)=0$ ，其中 a 为梁中点的初始挠度。试确定该梁中点的自由振动响应。

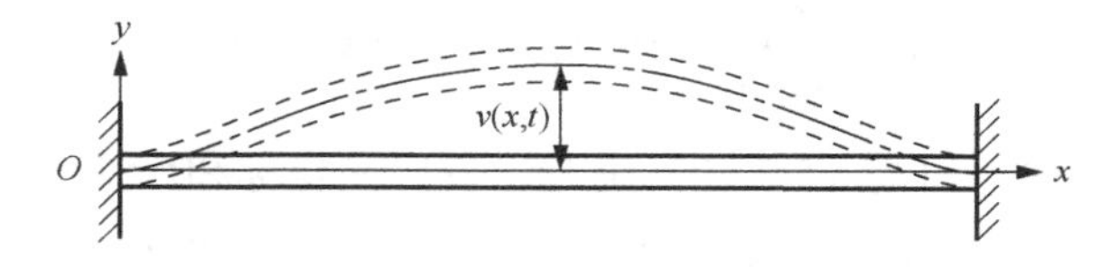

图 5.3.1　两端均为固定端约束的静不定梁

选定梁的假设模态函数的个数 $n=2$ ，然后应用 5.2 节中所述的算法，可以求得该梁中点的自由振动响应。图 5.3.2 和图 5.3.3 分别给出了在 $a=l/80$ 和 $a=l/40$ 情形下该梁中点的自由振动响应，图中的实线和虚线分别代表计入和未计入轴向力影响的情况下所获得的梁中点的自由振动响应。

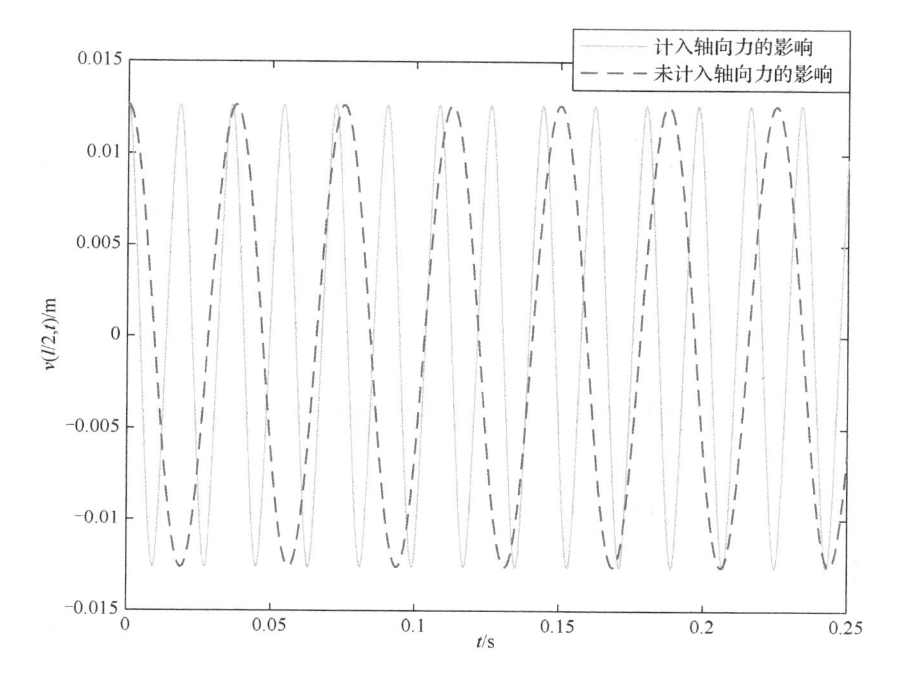

图 5.3.2　梁中点的自由振动响应（$a = l/80$）

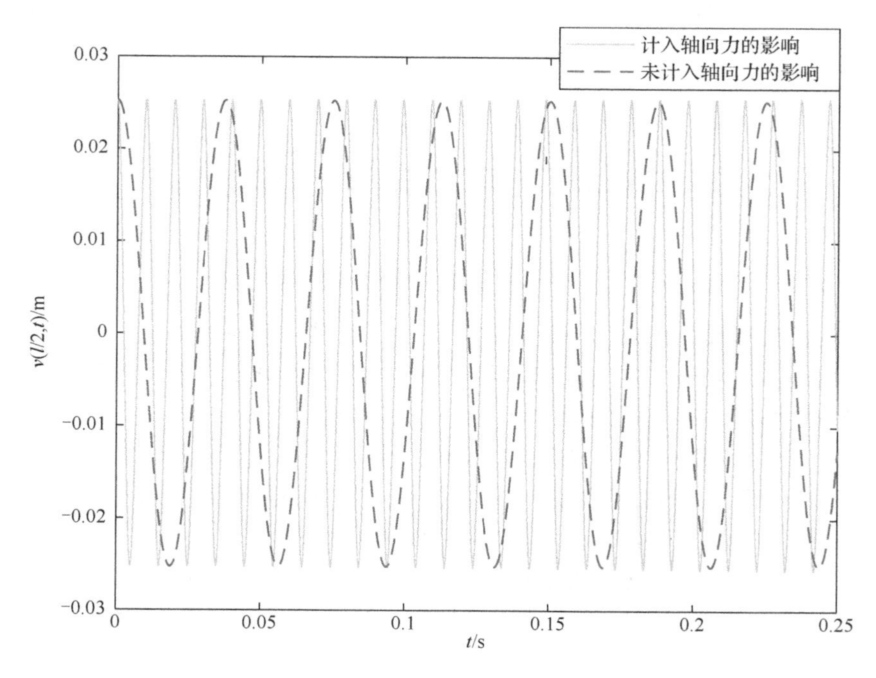

图 5.3.3　梁中点的自由振动响应（$a = l/40$）

从图 5.3.2 和图 5.3.3 可以看出：计入轴向力影响的情形下所获得的梁弯曲自由振动的频率明显高于未计入轴向力影响的情形。将图 5.3.2 和图 5.3.3 中的实线加以比较，可以看出：计入轴向力影响的情形下所获得的梁弯曲自由振动的频率随着梁的初始挠度的增大而增大。这表明对于两端均为固定端约束的弹性梁的弯曲振动而言，并不存在所谓的“固有频率”，究其原因是轴向力的影响使得这种梁的弯曲自由振动表现为一种非线性振动。比较图 5.3.2 和图 5.3.3 中的虚线，可以看出：未计入轴向力影响的情形下所获得的梁弯曲自由振动的频率与梁的初始挠度无关，即在不考虑轴向力影响的情形下该梁的弯曲振动存在所谓的“固有频率”。

5.4　两端均为固定圆柱铰链约束的静不定梁的强迫振动算例

如图 5.4.1 所示，一根两端均为固定圆柱铰链约束的静不定梁，在其中部作用一横向激扰力 $P(t)=80\sin\left(\dfrac{5\pi^2}{2l^2}\sqrt{\dfrac{EI}{\rho A}}t\right)$（N），梁的弹性模量 $E=2.1\times10^{11}\,\text{N/m}^2$，密度 $\rho=7.8\times10^3\,\text{kg/m}^3$，设该梁在变形前的参数如下：长度 $l=1\text{m}$，横截面积 $A=6\times10^{-5}\,\text{m}^2$（宽度为 $1.2\times10^{-2}\,\text{m}$，厚度为 $5\times10^{-3}\,\text{m}$），截面惯性矩 $I=1.25\times10^{-10}\,\text{m}^4$。梁的初始状态为 $v(x,0)=\dot{v}(x,0)=0$。试确定该梁中点的强迫振动响应。

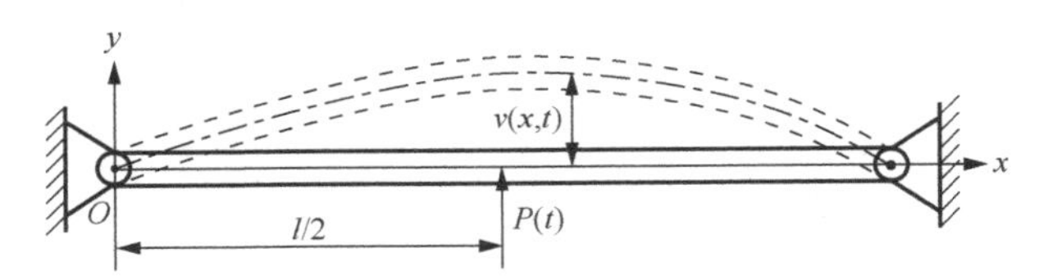

图 5.4.1　两端均为固定圆柱铰链约束的静不定梁

选定梁的假设模态函数的个数 $n=2$，应用 5.2 节中所述的算法，可以求得该梁中点的强迫振动响应（图 5.4.2），图中的实线和虚线分别代表计入和未计入轴向力的影响的情况下所获得的梁中点的强迫振动响应。

由图 5.4.2 可以看出：①计入轴向力影响的情形下所获得的梁弯曲强迫振动的幅度明显低于未计入轴向力影响的情形；②计入轴向力影响的情形下所获得的梁弯曲强迫振动的频率明显高于未计入轴向力影响的情形。

本算例和 5.3 节算例的仿真结果都表明：在研究两端被轴向固定的静不定弹性梁的弯曲振动问题时，必须考虑梁的轴向力的影响因素，否则会得到错误的结果。

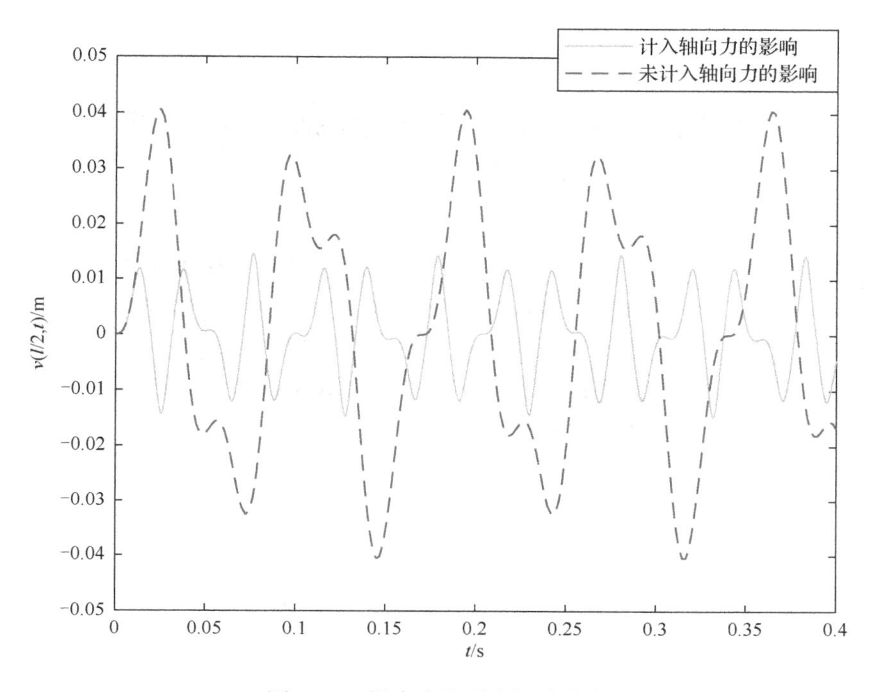

图 5.4.2　梁中点的强迫振动响应

第6章　重力场中的斜置悬臂梁的弯曲振动和弯曲变形

工程中的某些构件（如火炮的炮管）可以看作是重力场中的斜置悬臂梁，如图 6.0.1 所示，因此，研究重力场中的斜置悬臂梁的弯曲振动和弯曲变形问题具有一定的实际意义。研究这类梁的弯曲振动和弯曲变形的特点之一就是须考虑轴向力对于其弯曲振动和弯曲变形的影响。本章在计入轴向力影响的情形下，研究重力场中的斜置悬臂梁的弯曲振动和弯曲变形问题。

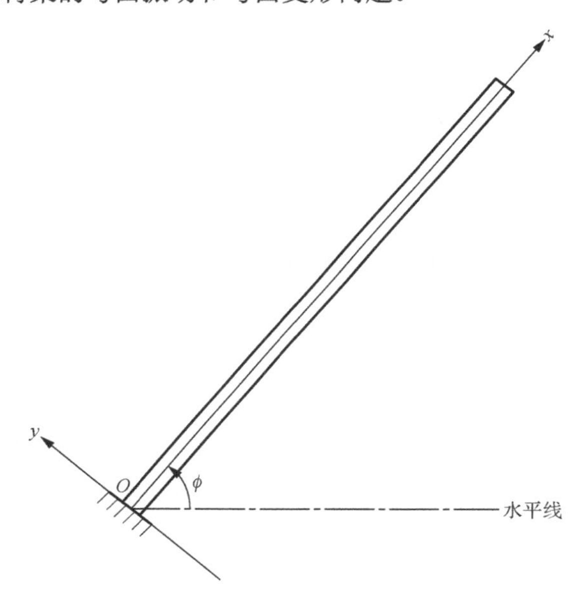

图 6.0.1　重力场中的斜置悬臂梁

6.1　重力场中的斜置悬臂梁的弯曲振动

本节研究如图 6.1.1 所示的处在重力场中的等截面斜置悬臂梁的弯曲振动问题。图 6.1.1 中的ϕ表示梁的中轴线（x轴）与水平线的夹角，$v(x,t)$表示梁的中轴线上坐标为x的点P_0所发生的横向位移。

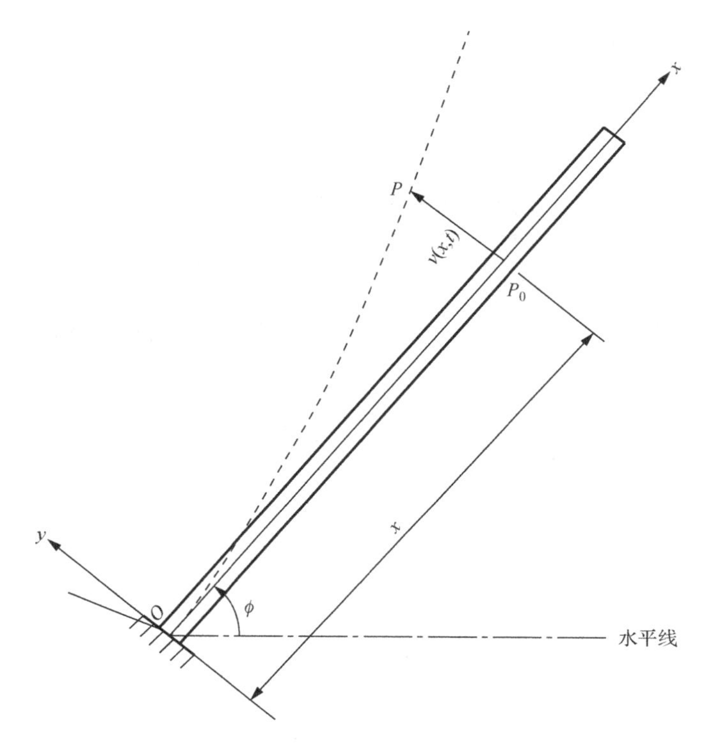

图 6.1.1　重力场中的等截面斜置悬臂梁的弯曲振动

1）建模

为了应用牛顿第二定律导出斜置悬臂梁的弯曲振动方程，在梁上任意截取一微段 dx 为研究对象，画出该微段在任意时刻的受力图（图 6.1.2），图中 N 、Q 和 M 分别为作用在梁微段左端面的轴力、剪力和弯矩， θ 为梁微段左端面的转角。应用牛顿第二定律，可以写出该微段沿 y 轴方向的运动微分方程为

$$\rho A\mathrm{d}x\frac{\partial^2 v(x,t)}{\partial^2 t}=N\sin\theta+Q\cos\theta-\left(N+\frac{\partial N}{\partial x}\mathrm{d}x\right)\sin\left(\theta+\frac{\partial\theta}{\partial x}\mathrm{d}x\right)-\left(Q+\frac{\partial Q}{\partial x}\mathrm{d}x\right)\cdot\cos\left(\theta+\frac{\partial\theta}{\partial x}\mathrm{d}x\right)-(\rho Ag\mathrm{d}x)\cos\phi \tag{6.1.1}$$

式中， ρ 为梁的密度； A 为梁的横截面积； g 为重力加速度。在梁的小变形情形下，有

$$\sin\theta\approx\theta \tag{6.1.2}$$

$$\cos\theta\approx 1 \tag{6.1.3}$$

$$\sin\left(\theta+\frac{\partial\theta}{\partial x}\mathrm{d}x\right)\approx\theta+\frac{\partial\theta}{\partial x}\mathrm{d}x \tag{6.1.4}$$

$$\cos\left(\theta+\frac{\partial\theta}{\partial x}\mathrm{d}x\right)\approx 1 \tag{6.1.5}$$

$$\theta\approx\frac{\partial v}{\partial x} \tag{6.1.6}$$

将式（6.1.2）～式（6.1.5）代入式（6.1.1），得到

$$\rho A\mathrm{d}x\frac{\partial^2 v}{\partial t^2}=-\frac{\partial Q}{\partial x}\mathrm{d}x-\theta\frac{\partial N}{\partial x}\mathrm{d}x-N\frac{\partial\theta}{\partial x}\mathrm{d}x-\frac{\partial N}{\partial x}\cdot\frac{\partial\theta}{\partial x}\cdot(\mathrm{d}x)^2-\rho Ag\cos\phi\,\mathrm{d}x \tag{6.1.7}$$

忽略式（6.1.7）中所含有的二阶微量项$\frac{\partial N}{\partial x}\cdot\frac{\partial\theta}{\partial x}\cdot(\mathrm{d}x)^2$，并将该式的两端同除以$\mathrm{d}x$，得到

$$\rho A\frac{\partial^2 v}{\partial t^2}=-\frac{\partial Q}{\partial x}-\theta\frac{\partial N}{\partial x}-N\frac{\partial\theta}{\partial x}-\rho Ag\cos\phi \tag{6.1.8}$$

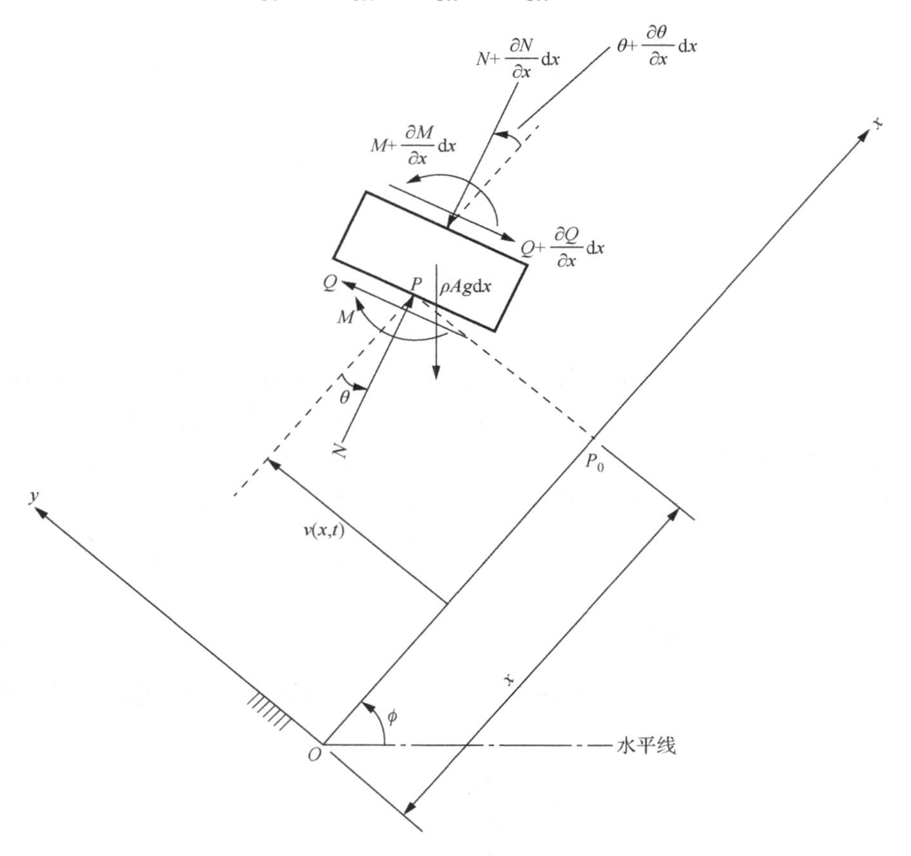

图 6.1.2　重力场中斜置悬臂梁的梁微段受力图

如图 6.1.2 所示，在忽略梁微段转动惯性的情形下（伯努利-欧拉梁假设），有

$$\sum M_P = 0 \tag{6.1.9}$$

即

$$-M + \left(M + \frac{\partial M}{\partial x}\mathrm{d}x\right) - \left(Q + \frac{\partial Q}{\partial x}\mathrm{d}x\right)\mathrm{d}x - (\rho Ag\mathrm{d}x)\cos(\phi+\theta)\frac{\mathrm{d}x}{2} = 0 \tag{6.1.10}$$

忽略式（6.1.10）中所含的二阶微量项，并将该式的两端同除以 $\mathrm{d}x$，得到

$$Q = \frac{\partial M}{\partial x} \tag{6.1.11}$$

将伯努利-欧拉公式 $M = EI\dfrac{\partial^2 v}{\partial x^2}$ 代入式（6.1.11），得到

$$Q = EI\frac{\partial^3 v}{\partial x^3} \tag{6.1.12}$$

将式（6.1.12）代入式（6.1.8），得到

$$EI\frac{\partial^4 v}{\partial x^4} + \rho A\frac{\partial^2 v}{\partial t^2} + \underline{\frac{\partial(N\theta)}{\partial x}} + \rho Ag\cos\phi = 0 \tag{6.1.13}$$

式（6.1.13）中的画线项体现了轴力 N 对梁弯曲振动产生的影响。考虑到梁内的轴力是因梁在重力场中倾斜而产生的，因此，在梁的小变形情形下，有

$$N \approx \bar{N} \tag{6.1.14}$$

式中，$\bar{N}$ 表示将梁看作刚性直梁时，坐标为 x 的梁的横截面上的轴力。当把梁看作刚性直梁时，取坐标为 x 处的横截面到自由端的这一段截断梁为研究对象，由该段梁的静力学平衡方程 $\sum F_x = 0$，可以推得

$$\bar{N} = \rho Ag(l-x)\sin\phi \tag{6.1.15}$$

将式（6.1.15）代入式（6.1.14），得到

$$N = \rho Ag(l-x)\sin\phi \tag{6.1.16}$$

将式（6.1.16）和式（6.1.6）代入式（6.1.13），得到

$$\begin{aligned} &EI\frac{\partial^4 v(x,t)}{\partial x^4} + \rho A\frac{\partial^2 v(x,t)}{\partial t^2} + \rho Ag(l-x)\frac{\partial^2 v(x,t)}{\partial x^2}\sin\phi \\ &-\rho Ag\frac{\partial v(x,t)}{\partial x}\sin\phi + \rho Ag\cos\phi = 0 \end{aligned} \tag{6.1.17}$$

方程（6.1.17）就是重力场中斜置悬臂梁的弯曲振动偏微分方程，与该方程相配套的边界条件为

$$v(0,t)=0\text{，}\quad v'(0,t)=0\text{，}\quad v''(l,t)=0\text{，}\quad v'''(l,t)=0 \tag{6.1.18}$$

偏微分方程（6.1.17）和边界条件（6.1.18）共同构成了研究重力场中的斜置悬臂梁弯曲振动的数学模型。

2）算法

方程（6.1.17）为变系数线性偏微分方程，其解析解不易求得。下面应用假设模态法求该方程满足边界条件（6.1.18）的数值解。根据假设模态法[9]，可以将 $v(x,t)$ 表达为

$$v(x,t)=\sum_{i=1}^{n}\psi_i(x)q_i(t) \tag{6.1.19}$$

式中，$\psi_i(x)$ 和 $q_i(t)$ 分别为梁弯曲振动的假设模态函数和相应的广义坐标；n 为截取的假设模态函数的个数。这里选取等截面悬臂梁弯曲振动的模态函数[10]作为 $\psi_i(x)$，则有

$$\psi_i(x)=\cos\beta_i x-\cosh\beta_i x+\gamma_i(\sin\beta_i x-\sinh\beta_i x)\quad (i=1,2,\cdots,n) \tag{6.1.20}$$

式中

$$\beta_1 l=1.875,\quad \beta_2 l=4.694,\quad \beta_i l\approx(i-0.5)\pi\quad (i=3,\cdots,n) \tag{6.1.21}$$

$$\gamma_i=-\frac{\cos\beta_i l+\cosh\beta_i l}{\sin\beta_i l+\sinh\beta_i l}\quad (i=1,2,\cdots,n) \tag{6.1.22}$$

将式(6.1.19)代入方程(6.1.17)，并在方程的两边同乘以 $\psi_j(x)$ $(j=1,2,\cdots,n)$，然后沿梁长取定积分（积分时考虑模态函数的正交性），得到如下的常微分方程组：

$$\rho A a_j\ddot{q}_j(t)+EIb_j q_j(t)+\rho Agc_j\cos\phi+\rho Ag\sin\phi\sum_{i=1}^{n}f_{ji}q_i(t)=0\quad (j=1,2,\cdots,n) \tag{6.1.23}$$

式中

$$a_j=\int_0^l[\psi_j(x)]^2\,\mathrm{d}x\quad (j=1,2,\cdots,n) \tag{6.1.24}$$

$$b_j=\int_0^l\psi_j(x)\psi_j^{(4)}(x)\mathrm{d}x\quad (j=1,2,\cdots,n) \tag{6.1.25}$$

$$c_j=\int_0^l\psi_j(x)\mathrm{d}x\quad (j=1,2,\cdots,n) \tag{6.1.26}$$

$$f_{ji}=\int_0^l\psi_j(x)[(l-x)\psi_i''(x)-\psi_i'(x)]\,\mathrm{d}x\quad (j,i=1,2,\cdots,n) \tag{6.1.27}$$

初始时刻的广义坐标 $q_j(0)$ 和广义速度 $\dot{q}_j(0)$ 可以根据梁在初始时刻的状态 $v(x,0)$ 和 $\dot{v}(x,0)$ 来确定，即可以通过式（6.1.28）和式（6.1.29）确定 $q_j(0)$ 和 $\dot{q}_j(0)$ 的值：

$$q_j(0)=\frac{1}{a_j}\int_0^l\psi_j(x)v(x,0)\mathrm{d}x\quad (j=1,2,\cdots,n) \tag{6.1.28}$$

$$\dot{q}_j(0)=\frac{1}{a_j}\int_0^l\psi_j(x)\dot{v}(x,0)\mathrm{d}x\quad (j=1,2,\cdots,n) \tag{6.1.29}$$

在 $q_j(0)$ 和 $\dot{q}_j(0)$ $(j=1,2,\cdots,n)$ 的值被确定后，应用 Matlab ode45 solver[3]求常微分方程组（6.1.23）初值问题的数值解，即可得到广义坐标 $q_j(t)$ $(j=1,2,\cdots,n)$ 对应于不同时刻的数值，在此基础上，应用式（6.1.19）就可以进一步求得梁的弯曲振动响应。基于以上分析，可以将确定斜置悬臂梁弯曲振动响应的算法总结如下（注意该算法计入了轴向力的影响）：

（1）由式（6.1.20）选定假设模态函数 $\psi_i(x)$ $(i=1,2,\cdots,n)$ ；

（2）分别由式（6.1.24）～式（6.1.27）计算出 a_j 、b_j 、c_j 和 f_{ji} $(j,i=1,2,\cdots,n)$ 的值；

（3）分别由式（6.1.28）和式（6.1.29）计算出 $q_j(0)$ 和 $\dot{q}_j(0)$ $(j=1,2,\cdots,n)$ 的值；

（4）应用 Matlab ode45 solver[3]求常微分方程组（6.1.23）初值问题的数值解，得到各广义坐标 $q_j(t)$ $(j=1,2,\cdots,n)$ 对应于不同时刻的数值；

（5）最后应用式（6.1.19）求得斜置悬臂梁的弯曲振动响应。

3）算例

如图 6.1.1 所示的一根处于重力场中的等截面斜置悬臂梁，梁的倾斜角分别为 $\phi=\pm60^\circ$ 和 $\pm75^\circ$（正、负号分别代表梁向上和向下倾斜），重力加速度 $g=9.8\text{m/s}^2$ ，梁的弹性模量 $E=2.01\times10^{11}\text{N/m}^2$ ，密度 $\rho=7.866\times10^3\text{kg/m}^3$ ，设该梁的参数如下：长度 $l=0.72\text{m}$ ，横截面积 $A=1.4\times10^{-5}\text{m}^2$（宽度为 0.01m，厚度为 0.0014m），截面惯性矩 $I=2.2867\times10^{-12}\text{m}^4$ 。梁的初始状态为 $v(x,0)=\dot{v}(x,0)=0$ 。试确定该梁自由端的横向振动响应。

选定梁的假设模态函数的个数 $n=2$ ，应用本节所述的算法，可以求得该梁自由端的横向振动响应（图 6.1.3 和图 6.1.4），其中图 6.1.3 给出了倾斜角 $\phi=\pm60^\circ$ 情形下梁自由端的横向振动响应，图 6.1.4 给出了倾斜角 $\phi=\pm75^\circ$ 情形下梁自由端的横向振动响应。将图 6.1.3 和图 6.1.4 中的实线和虚线进行比较可以得出结论：在倾斜角 $\phi=\alpha$ （0＜α＜90°）的情况下梁的弯曲振动的频率和振幅分别低于和大于倾斜角 $\phi=-\alpha$ 情况下的梁的弯曲振动的频率和振幅。该结论可以作如下的合理解释：对于倾斜角 $\phi=\alpha$ 的情形而言，梁的重力沿轴向方向的分力形成了梁的压力，而压力会使梁呈现出“弯曲软化现象”，即使得梁更容易发生弯曲变形，在梁弯曲振动上的表现就是使梁的弯曲振动的频率变低，振幅变大；对于倾斜角 $\phi=-\alpha$ 的情形而言，情况正好相反，梁的重力沿轴向方向的分力形成了梁的拉力，而拉力会使梁呈现出“弯曲硬化现象”，即使梁不易发生弯曲变形，在梁弯曲振动上的表现就是使梁的弯曲振动的频率变高，振幅变小。

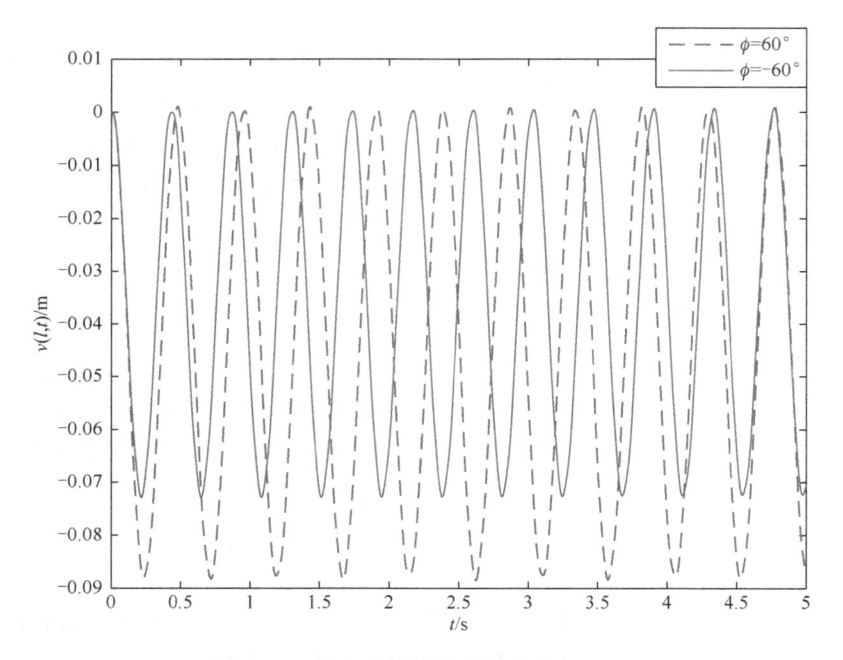

图 6.1.3　梁自由端的横向振动响应（$\phi=\pm60^\circ$）

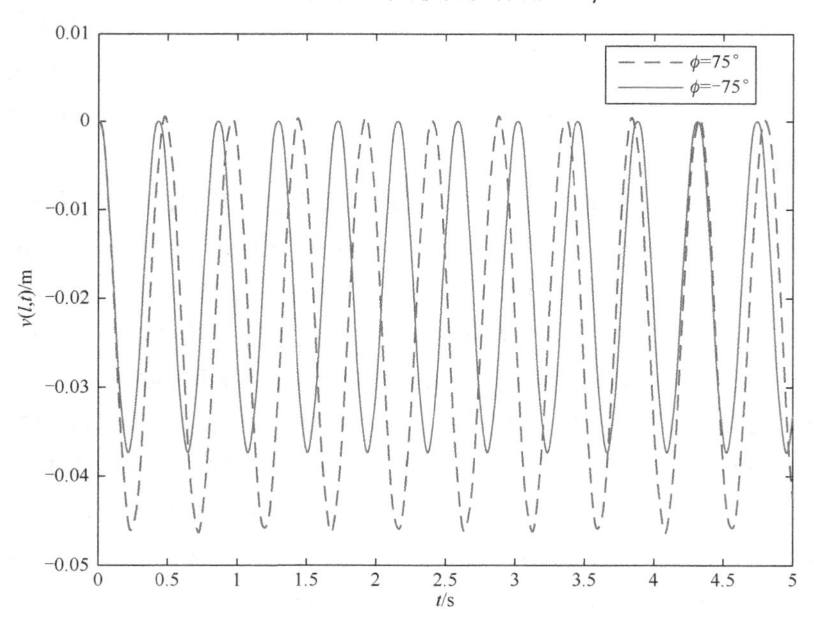

图 6.1.4　梁自由端的横向振动响应（$\phi=\pm75^\circ$）

6.2　重力场中的斜置悬臂梁的弯曲变形

1）建模

6.1 节研究了重力场中的斜置悬臂梁的弯曲振动问题，即研究了重力场中的斜置悬臂梁的动态弯曲变形问题，本节研究这种梁的静态弯曲变形问题。在静态变形下，式（6.1.19）中的广义坐标不再是时间的函数（即广义坐标都变为常量），这样式（6.1.19）退化为

$$v(x)=\sum_{i=1}^{n}\psi_i(x)q_i \tag{6.2.1}$$

在静态变形下，前面给出的关于各广义坐标的常微分方程组（6.1.23）退化为如下的线性代数方程组：

$$EIb_jq_j+\rho Agc_j\cos\phi+\rho Ag\sin\phi\sum_{i=1}^{n}f_{ji}q_i=0\quad (j=1,2,\cdots,n) \tag{6.2.2}$$

式（6.2.1）和线性代数方程组（6.2.2）共同构成了研究重力场中的斜置悬臂梁弯曲变形的数学模型。在求出线性代数方程组(6.2.2)解的基础上，再由式(6.2.1)即可求得梁的挠曲线函数 $v(x)$。

2）算例

如图 6.1.1 所示的一根处于重力场中的等截面斜置悬臂梁，梁的倾斜角分别为 $\phi=\pm60^\circ$（正、负号分别代表梁向上和向下倾斜），重力加速度 $g=9.8\text{m/s}^2$，梁的弹性模量 $E=2.01\times10^{11}\text{N/m}^2$，密度 $\rho=7.866\times10^3\text{kg/m}^3$，设该梁的参数如下：长度 $l=0.72\text{m}$，横截面积 $A=1.4\times10^{-5}\text{m}^2$（宽度为 0.01m，厚度为 0.0014m），截面惯性矩 $I=2.2867\times10^{-12}\text{m}^4$。试确定该梁的挠曲线。

选定梁的假设模态函数的个数 $n=2$，梁的倾斜角取为 $\phi=60^\circ$，然后求解线性代数方程组(6.2.2)，再将所求得的解代入式(6.2.1)，得到对应于倾斜角 $\phi=60^\circ$ 的梁的挠曲线函数为

$$\begin{aligned}v(x)=&0.0221[\cos(2.6042x)-\cosh(2.6042x)]-0.0162[\sin(2.6042x)\\&-\sinh(2.6042x)]+2.7112\times10^{-4}[\cos(6.5194x)-\cosh(6.5194x)]\\&-2.7613\times10^{-4}[\sin(6.5194x)-\sinh(6.5194x)]\end{aligned} \tag{6.2.3}$$

同理还可以求得对应于倾斜角 $\phi=-60^\circ$ 的梁的挠曲线函数为

$$\begin{aligned}v(x)=&0.0182[\cos(2.6042x)-\cosh(2.6042x)]-0.0134[\sin(2.6042x)\\&-\sinh(2.6042x)]+2.9017\times10^{-4}[\cos(6.5194x)-\cosh(6.5194x)]\\&-2.9553\times10^{-4}[\sin(6.5194x)-\sinh(6.5194x)]\end{aligned} \tag{6.2.4}$$

根据式（6.2.3）和式（6.2.4）可进一步画出各自所对应的挠曲线，如图 6.2.1 所示。

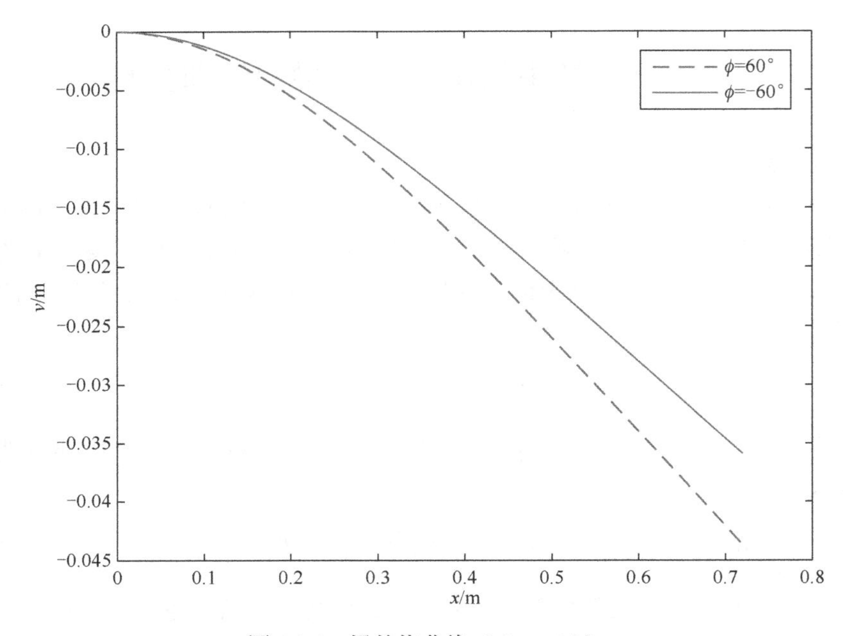

图 6.2.1　梁的挠曲线（$\phi=\pm 60^\circ$）

从图 6.2.1 容易看出：在倾斜角 $\phi=\alpha$（$0<\alpha<90^\circ$）的情形下梁的弯曲变形程度大于倾斜角 $\phi=-\alpha$ 情形下梁的弯曲变形程度。这表明在倾斜角 $\phi=\alpha$ 的情形下，梁呈现出“弯曲软化现象”，而在倾斜角 $\phi=-\alpha$ 的情形下，梁表现出“弯曲硬化现象”。

第 7 章　带有拉伸弹簧的简支梁的弯曲振动和弯曲变形

本章研究活动铰支座一端带有拉伸弹簧的简支梁（图 7.0.1）在横向力作用下的弯曲振动和弯曲变形问题。研究这种问题必须考虑弹簧拉力对于简支梁弯曲振动和弯曲变形所产生的影响。

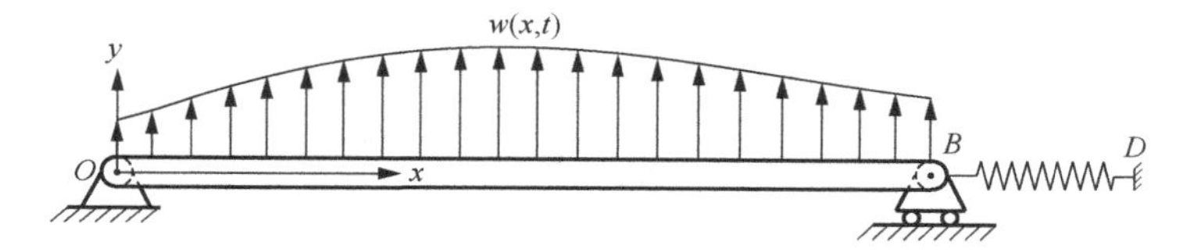

图 7.0.1　带有拉伸弹簧的简支梁

7.1　带有拉伸弹簧的简支梁的弯曲振动

1）建模

本节研究活动铰支座一端带有拉伸弹簧的简支梁（图 7.0.1）在横向激扰力 $w(x,t)$ 作用下的弯曲振动问题。

为了应用牛顿第二定律导出梁的弯曲振动方程，特取梁微段 dx 为研究对象，画出该微段在任意时刻的受力图如图 7.1.1 所示，图中 N、Q 和 M 分别表示作用在该微段左端面的轴力、剪力和弯矩，θ 为该微段左端面的转角。应用牛顿第二定律，可以写出梁微段 dx 沿 y 轴方向的运动微分方程为

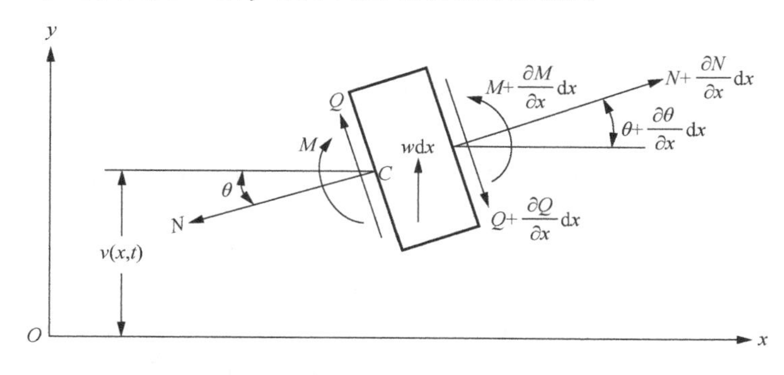

图 7.1.1　简支梁的梁微段受力图

$$\rho A\mathrm{d}x\frac{\partial^2 v}{\partial t^2}=w\mathrm{d}x-N\sin\theta+Q\cos\theta+\left(N+\frac{\partial N}{\partial x}\mathrm{d}x\right)\sin\left(\theta+\frac{\partial\theta}{\partial x}\mathrm{d}x\right)-\left(Q+\frac{\partial Q}{\partial x}\mathrm{d}x\right)\cos\left(\theta+\frac{\partial\theta}{\partial x}\mathrm{d}x\right)\tag{7.1.1}$$

式中，ρ 为梁的密度；A 为梁的横截面积。在梁的小变形情形下，有

$$\sin\theta\approx\theta\tag{7.1.2}$$

$$\cos\theta\approx 1\tag{7.1.3}$$

$$\sin\left(\theta+\frac{\partial\theta}{\partial x}\mathrm{d}x\right)\approx\theta+\frac{\partial\theta}{\partial x}\mathrm{d}x\tag{7.1.4}$$

$$\cos\left(\theta+\frac{\partial\theta}{\partial x}\mathrm{d}x\right)\approx 1\tag{7.1.5}$$

$$\theta\approx\frac{\partial v}{\partial x}\tag{7.1.6}$$

将式（7.1.2）～式（7.1.5）代入式（7.1.1），得到

$$\rho A\frac{\partial^2 v}{\partial t^2}=w-\frac{\partial Q}{\partial x}+\theta\frac{\partial N}{\partial x}+N\frac{\partial\theta}{\partial x}+\frac{\partial N}{\partial x}\cdot\frac{\partial\theta}{\partial x}\cdot\mathrm{d}x\tag{7.1.7}$$

忽略式（7.1.7）中的微量项 $\frac{\partial N}{\partial x}\cdot\frac{\partial\theta}{\partial x}\cdot\mathrm{d}x$，得到

$$\rho A\frac{\partial^2 v}{\partial t^2}=w-\frac{\partial Q}{\partial x}+\theta\frac{\partial N}{\partial x}+N\frac{\partial\theta}{\partial x}\tag{7.1.8}$$

如图 7.1.1 所示，在忽略梁微段转动惯性的情形下（伯努利-欧拉梁假设），有

$$\sum M_C=0\tag{7.1.9}$$

即

$$\left(M+\frac{\partial M}{\partial x}\mathrm{d}x\right)-M-\left(Q+\frac{\partial Q}{\partial x}\mathrm{d}x\right)\mathrm{d}x=0\tag{7.1.10}$$

忽略式（7.1.10）中的二阶微量项 $\frac{\partial Q}{\partial x}\cdot(\mathrm{d}x)^2$，并将该式的两端同除以 $\mathrm{d}x$，得到

$$Q=\frac{\partial M}{\partial x}\tag{7.1.11}$$

将伯努利-欧拉公式 $M=EI\frac{\partial^2 v}{\partial x^2}$ 代入式（7.1.11），并假定梁是等截面梁，则有

$$Q=EI\frac{\partial^3 v}{\partial x^3}\tag{7.1.12}$$

在研究梁的弯曲振动（横向振动）时，梁的纵向惯性可以忽略，于是可以认为梁在任意横截面上的轴力都相等，且都等于梁在活动铰支座一端所承受的弹簧拉力，即

$$N = F_0 + ku \tag{7.1.13}$$

式中，F_0 为弹簧的初始拉力；k 为弹簧的刚度；u 为活动铰支座一端的纵向位移量的大小。考虑到梁的轴向刚度一般很大，所以其伸长量可以忽略不计，这样梁在活动铰支座一端的纵向位移量的大小可以表达为[11]

$$u = \frac{1}{2}\int_0^l \left(\frac{\partial v}{\partial x}\right)^2 \mathrm{d}x \tag{7.1.14}$$

将式（7.1.14）代入式（7.1.13），得到

$$N = F_0 + \frac{1}{2}k\int_0^l \left(\frac{\partial v}{\partial x}\right)^2 \mathrm{d}x \tag{7.1.15}$$

将式（7.1.6）、式（7.1.12）和式（7.1.15）代入式（7.1.8），得到

$$\rho A\frac{\partial^2 v}{\partial t^2} = w - EI\frac{\partial^4 v}{\partial x^4} + \underline{\left[F_0 + \frac{1}{2}k\int_0^l \left(\frac{\partial v}{\partial x}\right)^2 \mathrm{d}x\right]\frac{\partial^2 v}{\partial x^2}} \tag{7.1.16}$$

方程（7.1.16）就是活动铰支座一端带有拉伸弹簧的简支梁（图 7.0.1）在横向力作用下的弯曲振动偏微分积分方程，方程中的画线项代表了弹簧拉力对于该梁弯曲振动所产生的影响，与此方程相配套的边界条件如下：

$$v(0,t) = 0\,,\qquad v''(0,t) = 0\,,\qquad v(l,t) = 0\,,\qquad v''(l,t) = 0 \tag{7.1.17}$$

偏微分积分方程（7.1.16）和边界条件（7.1.17）共同构成了研究活动铰支座一端带有拉伸弹簧的简支梁弯曲振动的数学模型。

2）算法

方程（7.1.16）是非线性的偏微分积分方程，要获得该方程满足边界条件（7.1.17）的精确解析解是非常困难的。为此，这里应用假设模态法[9]求其近似的数值解。根据假设模态法，可以将 $v(x,t)$ 表达为

$$v(x,t) = \sum_{i=1}^{n} Y_i(x)\, q_i(t) \tag{7.1.18}$$

式中，$Y_i(x)$ 为满足梁边界条件的假设模态函数；$q_i(t)$ 为广义坐标；n 为截取的假设模态函数的个数。考虑到边界条件（7.1.17），假设模态函数可以选取为[10]

$$Y_i(x) = \sin\frac{i\pi x}{l} \quad (i = 1,2,\cdots,n) \tag{7.1.19}$$

将式（7.1.18）代入方程（7.1.16）并在方程的两边同乘以 $Y_j(x)\,(j = 1,2,\cdots,n)$，然后沿梁长取定积分（积分时考虑模态函数的正交性），得到

$$\rho A l^4 \ddot{q}_j + j^2\pi^2\left[j^2\pi^2 EI + l\left(F_0 l + \frac{k\pi^2}{4}\sum_{i=1}^{n} i^2 q_i^2\right)\right]q_j = 2l^3 f_j(t) \quad (j = 1,2,\cdots,n) \tag{7.1.20}$$

式中

$$f_j(t)=\int_0^l w(x,t)\sin\frac{j\pi x}{l}\mathrm{d}x \quad (j=1,2,\cdots,n) \tag{7.1.21}$$

初始时刻的广义坐标 $q_j(0)$ 和广义速度 $\dot{q}_j(0)$ 可以根据梁在初始时刻的状态 $v(x,0)$ 和 $\dot{v}(x,0)$ 来确定，即可以通过式（7.1.22）和式（7.1.23）确定 $q_j(0)$ 和 $\dot{q}_j(0)$ 的数值：

$$q_j(0)=\frac{2}{l}\int_0^l v(x,0)\sin\frac{j\pi x}{l}\mathrm{d}x \quad (j=1,2,\cdots,n) \tag{7.1.22}$$

$$\dot{q}_j(0)=\frac{2}{l}\int_0^l \dot{v}(x,0)\sin\frac{j\pi x}{l}\mathrm{d}x \quad (j=1,2,\cdots,n) \tag{7.1.23}$$

根据式（7.1.22）和式（7.1.23）确定出各广义坐标和广义速度的初始值后，再应用 Matlab ode45 solver[3]求常微分方程组（7.1.20）初值问题的数值解，即可得到各广义坐标 $q_j(t)$ $(j=1,2,\cdots,n)$ 对应于不同时刻的数值，在此基础上，应用式（7.1.18）就可以求得梁的弯曲振动响应。这就是确定活动铰支座一端带有拉伸弹簧的简支梁弯曲振动响应的算法。

3）算例

如图 7.1.2 所示的简支梁桥梁，为了降低桥梁的弯曲变形和弯曲振动的幅度，在桥梁的活动铰支座一端连有拉伸弹簧，该弹簧的初始预紧力（初始拉力）$F_0=3.00\times10^6\,\mathrm{N}$，弹簧的刚度 $k=4.50\times10^6\,\mathrm{N/m}$。桥梁的密度 $\rho=7866\mathrm{kg/m^3}$，弹性模量 $E=2.01\times10^{11}\,\mathrm{N/m^2}$，长度 $l=20\mathrm{m}$，宽度 $a=4\mathrm{m}$，厚度 $h=0.25\mathrm{m}$，桥梁初始时刻的状态为 $v(x,0)=\dot{v}(x,0)=0$。现有一 $P_0=10^5\,\mathrm{N}$ 的移动载荷以匀速度 $v_0=10\mathrm{m/s}$ 通过该桥梁，试求桥梁中点的振动响应 $v(l/2,t)$。

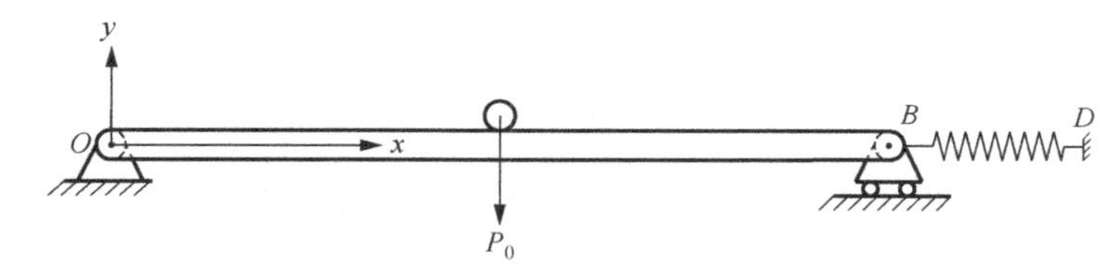

图 7.1.2　带有拉伸弹簧的简支梁桥梁

通过引入 δ 函数可以将作用在桥梁上的移动集中载荷 P_0 转化为等效分布力，其单位长度上的分布力函数可以写为

$$w_1(x,t)=\begin{cases}-P_0\delta(x-vt), & 0\leqslant t\leqslant l/v\\ 0, & t>l/v\end{cases}$$

桥梁自重的分布力函数为

$$w_2(x,t) = -\rho g A$$

这样作用在桥梁上的总的分布力函数可表达为

$$w(x,t) = w_1(x,t) + w_2(x,t) = \begin{cases} -\rho g A - P_0\delta(x - vt), & 0 \leqslant t \leqslant l/v \\ -\rho g A, & t > l/v \end{cases}$$

选定桥梁的假设模态函数的个数 $n = 2$，然后应用本节所述的算法，可以求得桥梁中点的振动响应，如图 7.1.3 所示。

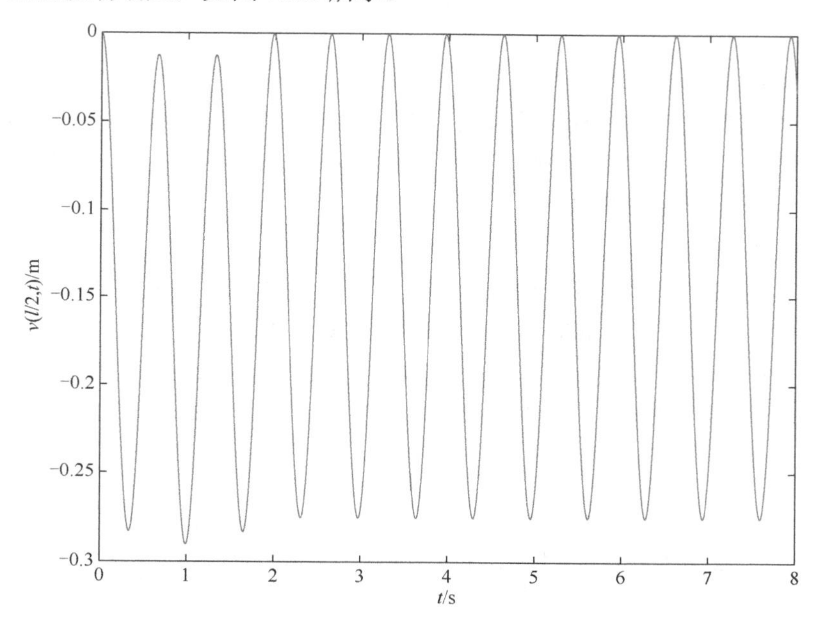

图 7.1.3　桥梁中点的振动响应

7.2　带有拉伸弹簧的简支梁的弯曲变形

1）建模

7.1 节中，研究了活动铰支座一端带有拉伸弹簧的简支梁（图 7.0.1）在横向激扰力 $w(x,t)$ 作用下的弯曲振动问题（动态弯曲变形问题），本节研究该梁在横向静载荷 $w(x)$ 作用下的静态弯曲变形问题。在静态变形下，式（7.1.18）中的广义坐标不再是时间的函数（即广义坐标都变为常量），这样式（7.1.18）就退化为

$$v(x) = \sum_{i=1}^{n} Y_i(x) q_i \tag{7.2.1}$$

在静态变形下，前面给出的关于各广义坐标的常微分方程组（7.1.20）退化为如下的非线性代数方程组：

$$j^2\pi^2\left[j^2\pi^2EI+l\left(F_0l+\frac{k\pi^2}{4}\sum_{i=1}^{n}i^2q_i^2\right)\right]q_j=2l^3f_j\quad(j=1,2,\cdots,n)\tag{7.2.2}$$

式中的 f_j 变为

$$f_j=\int_0^l w(x)\sin\frac{j\pi x}{l}\mathrm{d}x\quad(j=1,2,\cdots,n)\tag{7.2.3}$$

式（7.2.1）和非线性代数方程组（7.2.2）共同构成了研究活动铰支座的一端带有拉伸弹簧的简支梁在横向静载荷作用下弯曲变形的数学模型。在求出非线性代数方程组（7.2.2）的实数解的基础上（如用 Matlab solve[3]求解），再由式（7.2.1）即可求得梁的挠曲线函数 $v(x)$。

2）算例

一简支梁的活动铰支座一端连有拉伸弹簧，如图 7.2.1 所示，该弹簧的初始预紧力（初始拉力）$F_0=300\text{N}$，弹簧的刚度 $k=4.50\times10^4\text{N/m}$。梁的弹性模量 $E=2.01\times10^{11}\text{N/m}^2$，长度 $l=1\text{m}$，宽度 $a=1.2\times10^{-2}\text{m}$，厚度 $h=5\times10^{-3}\text{m}$。梁上作用有向下的均布载荷，其载荷集度 $w=-85\text{N/m}$，试求该梁的挠曲线函数。

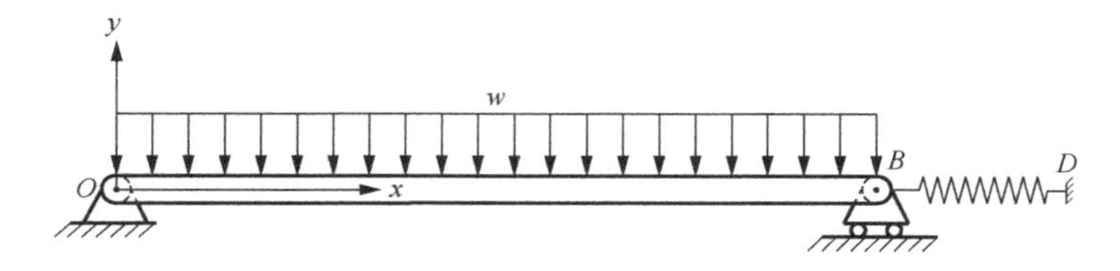

图 7.2.1　带有拉伸弹簧的简支梁

选定梁的假设模态函数的个数 $n=2$，然后应用 Matlab solve[3]求解非线性代数方程组（7.2.2），再将求得的实数解代入式（7.2.1），得到梁的挠曲线函数为

$$v=-0.0187\sin(\pi x/l)\tag{7.2.4}$$

在无弹簧的情况下，材料力学教材[12]给出了该梁的挠曲线函数为

$$v=\frac{w}{24EI}x(x^3-2lx^2+l^3)\tag{7.2.5}$$

分别根据式（7.2.4）和式（7.2.5）画出梁的挠曲线，如图 7.2.2 所示，图中的实线和虚线分别代表有弹簧和无弹簧两种情况下的梁的挠曲线。由图 7.2.2 可以看出，在有弹簧的情况下，梁的弯曲变形程度明显小于无弹簧情况下梁的弯曲变形程度。这说明连接在活动铰支座一端的拉伸弹簧具有降低梁弯曲变形的作用。

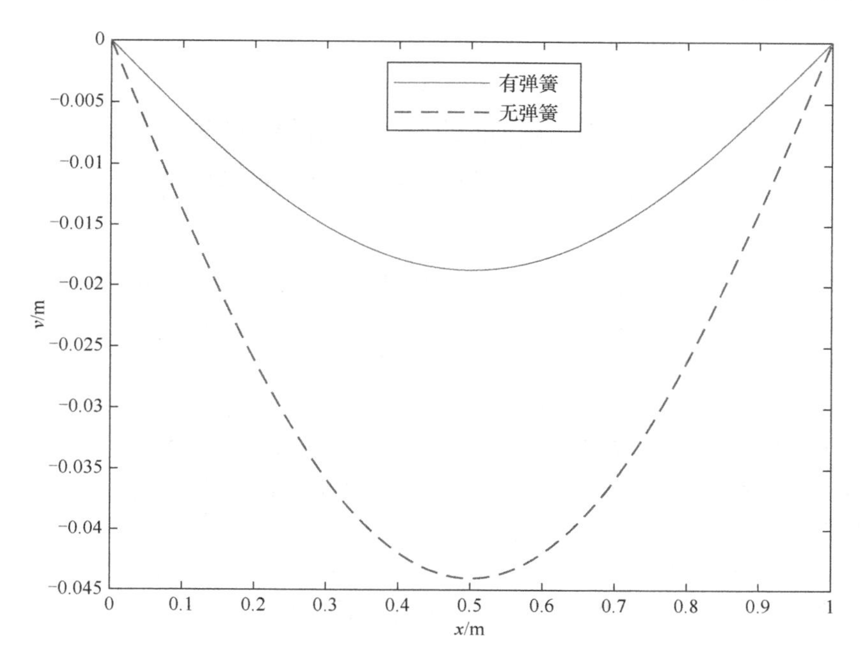

图 7.2.2　简支梁的挠曲线

第 8 章　末端带有集中质量的悬臂梁和简支梁的弯曲自由振动分析

末端带有集中质量的悬臂梁和简支梁分别如图 8.0.1 和图 8.0.2 所示。这两种梁在经历弯曲自由振动时，会在梁内产生轴向力，而这种轴向力反过来又会对梁的弯曲自由振动产生影响，因此，在上述两种梁弯曲自由振动的研究中，如果能计入轴向力的影响，则会提高其分析建模精度和计算精度。下面分别以如图 8.0.1 和图 8.0.2 所示的末端带有集中质量的悬臂梁和简支梁为例，说明这两种梁弯曲自由振动中为什么会在梁内出现轴向力。先来考察如图 8.0.1 所示的悬臂梁，当该梁发生弯曲自由振动时，其末端的集中质量会沿弧线 B_0B_1 运动，因此，该集中质量存在沿轴向方向的加速度分量，这说明梁内必然存在轴向力（轴向拉力），而这种轴向力会对梁的弯曲自由振动产生一定影响。对于如图 8.0.2 所示的简支梁而言，

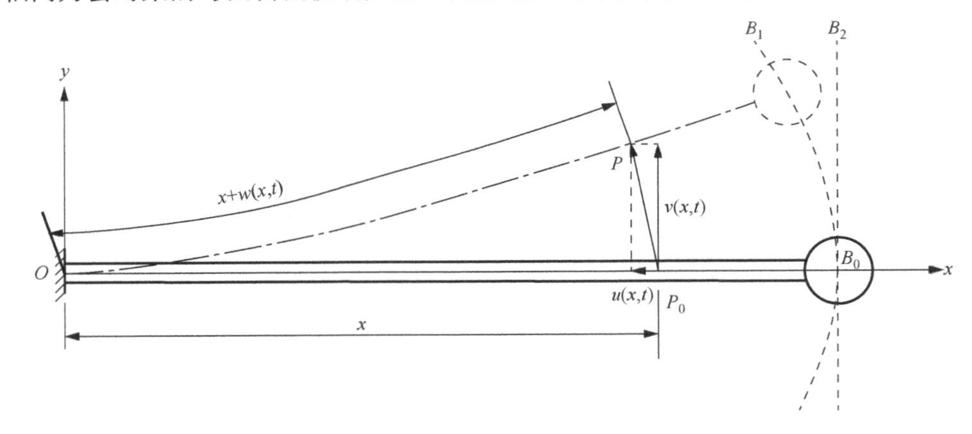

图 8.0.1　末端带有集中质量的悬臂梁

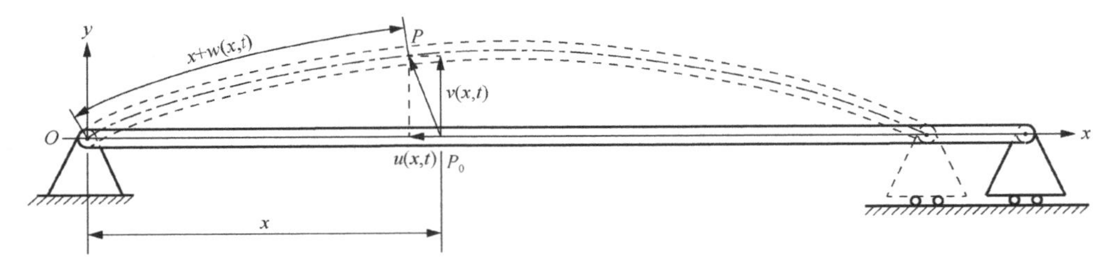

图 8.0.2　末端带有集中质量的简支梁

当其发生弯曲自由振动时，梁末端的活动铰支座（可视为集中质量）会沿梁的轴向方向发生振动，因此，活动支座必然承受轴向力的作用，这说明梁内必然存在轴向力，这种轴向力会对梁的弯曲自由振动产生一定影响。下面将在考虑轴向力影响的条件下，研究上述两种梁的弯曲自由振动问题。

8.1　末端带有集中质量的悬臂梁和简支梁的弯曲自由振动方程

考虑图 8.0.1 和图 8.0.2 所示的末端带有集中质量的悬臂梁和简支梁正在发生弯曲自由振动的情形，图中 $u(x,t)$ 和 $v(x,t)$ 分别表示梁轴线上坐标为 x 的点 P_0 的纵向位移和横向位移。为了导出梁的弯曲自由振动方程，特取梁微段 $\mathrm{d}x$ 为研究对象，画出其在任意时刻的受力图，如图 8.1.1 所示，图中 N 、Q 和 M 分别为作用在梁微段左端面的轴力、剪力和弯矩，φ 为梁微段左端面的转角。根据牛顿第二定律，可以写出梁微段 $\mathrm{d}x$ 沿 y 轴方向的运动微分方程为

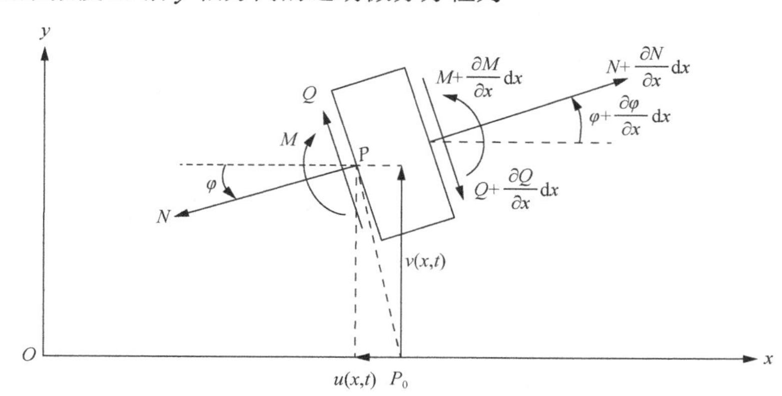

图 8.1.1　梁微段的受力图

$$\rho A\mathrm{d}x\frac{\partial^2 v(x,t)}{\partial^2 t}=-N\sin\varphi+Q\cos\varphi+\left(N+\frac{\partial N}{\partial x}\mathrm{d}x\right)\sin\left(\varphi+\frac{\partial \varphi}{\partial x}\mathrm{d}x\right)$$
$$-\left(Q+\frac{\partial Q}{\partial x}\mathrm{d}x\right)\cos\left(\varphi+\frac{\partial \varphi}{\partial x}\mathrm{d}x\right) \tag{8.1.1}$$

式中，ρ 为梁的密度；A 为梁的横截面积。在梁的小变形情形下，有

$$\sin\varphi\approx\varphi \tag{8.1.2}$$

$$\cos\varphi\approx 1 \tag{8.1.3}$$

$$\sin\left(\varphi+\frac{\partial \varphi}{\partial x}\mathrm{d}x\right)\approx\varphi+\frac{\partial \varphi}{\partial x}\mathrm{d}x \tag{8.1.4}$$

$$\cos\left(\varphi + \frac{\partial \varphi}{\partial x}\mathrm{d}x\right) \approx 1 \tag{8.1.5}$$

$$\varphi \approx \frac{\partial v}{\partial x} \tag{8.1.6}$$

将式（8.1.2）～式（8.1.5）代入式（8.1.1），得到

$$\rho A \mathrm{d}x \frac{\partial^2 v}{\partial t^2} = -\frac{\partial Q}{\partial x}\mathrm{d}x + \varphi \frac{\partial N}{\partial x}\mathrm{d}x + N\frac{\partial \varphi}{\partial x}\mathrm{d}x + \frac{\partial N}{\partial x}\cdot\frac{\partial \varphi}{\partial x}\cdot(\mathrm{d}x)^2 \tag{8.1.7}$$

忽略式（8.1.7）中的二阶微量项$\frac{\partial N}{\partial x}\cdot\frac{\partial \varphi}{\partial x}\cdot(\mathrm{d}x)^2$，并将该式的两端同除以$\mathrm{d}x$，得到

$$\rho A \frac{\partial^2 v}{\partial t^2} = -\frac{\partial Q}{\partial x} + \varphi \frac{\partial N}{\partial x} + N\frac{\partial \varphi}{\partial x} \tag{8.1.8}$$

如图 8.1.1 所示，在忽略梁微段转动惯性的情形下（伯努利-欧拉梁假设），有

$$\sum M_P = 0 \tag{8.1.9}$$

即

$$\left(M + \frac{\partial M}{\partial x}\mathrm{d}x\right) - M - \left(Q + \frac{\partial Q}{\partial x}\mathrm{d}x\right)\mathrm{d}x = 0 \tag{8.1.10}$$

将式（8.1.10）中的二阶微量项$\frac{\partial Q}{\partial x}\cdot(\mathrm{d}x)^2$忽略，并将该式的两端同除以$\mathrm{d}x$，得到

$$Q = \frac{\partial M}{\partial x} \tag{8.1.11}$$

将伯努利-欧拉公式$M = EI\frac{\partial^2 v}{\partial x^2}$代入式（8.1.11），并设所研究的梁为等截面梁，则有

$$Q = EI\frac{\partial^3 v}{\partial x^3} \tag{8.1.12}$$

将式（8.1.12）代入式（8.1.8），得到

$$\rho A \frac{\partial^2 v}{\partial t^2} = -EI\frac{\partial^4 v}{\partial x^4} + \underline{\frac{\partial (N\varphi)}{\partial x}} \tag{8.1.13}$$

式（8.1.13）中的画线项代表轴向力N对梁的弯曲振动产生的影响。轴向力N可以表达为

$$N = EA\frac{\partial w(x,t)}{\partial x} \tag{8.1.14}$$

式中，$w(x,t)$是坐标为x的梁的横截面的左端梁OP_0的中轴线在振动中的伸长量（图 8.0.1 和图 8.0.2）。

将式（8.1.14）和式（8.1.6）代入式（8.1.13），得到

$$EI\frac{\partial^4 v(x,t)}{\partial x^4} + \rho A\frac{\partial^2 v(x,t)}{\partial t^2} - EA\frac{\partial v(x,t)}{\partial x}\cdot\frac{\partial^2 w(x,t)}{\partial x^2} - EA\frac{\partial^2 v(x,t)}{\partial x^2}\cdot\frac{\partial w(x,t)}{\partial x} = 0 \tag{8.1.15}$$

方程（8.1.15）就是关于梁的横向自由振动 $v(x,t)$ 的微分方程，注意该方程中还含有轴向自由振动变量 $w(x,t)$，因此，梁的横向自由振动和轴向自由振动实际上是耦合的。类似地从梁微段受力图 8.1.1 出发，结合牛顿第二定律，还可以导出描述梁的纵向自由振动 $u(x,t)$ 的微分方程为

$$\rho A\frac{\partial^2 u(x,t)}{\partial t^2}+EA\frac{\partial^2 w(x,t)}{\partial x^2}+EI\frac{\partial^4 v(x,t)}{\partial x^4}\cdot\frac{\partial v(x,t)}{\partial x}+EI\frac{\partial^3 v(x,t)}{\partial x^3}\cdot\frac{\partial^2 v(x,t)}{\partial x^2}=0 \tag{8.1.16}$$

考虑到梁的弯曲导致的纵向偏移后，u、v 和 w 三者之间的关系可表达为[13]

$$u(x,t)=\frac{1}{2}\int_0^x\left(\frac{\partial v(\xi,t)}{\partial \xi}\right)^2\mathrm{d}\xi-w(x,t) \tag{8.1.17}$$

式（8.1.17）右端的第一项代表梁的弯曲导致的纵向偏移量。将式（8.1.17）代入式（8.1.16），得到

$$\begin{aligned}&\rho A\frac{\partial^2 w(x,t)}{\partial t^2}-EA\frac{\partial^2 w(x,t)}{\partial x^2}-EI\frac{\partial^4 v(x,t)}{\partial x^4}\cdot\frac{\partial v(x,t)}{\partial x}-EI\frac{\partial^3 v(x,t)}{\partial x^3}\cdot\frac{\partial^2 v(x,t)}{\partial x^2}\\&-\rho A\int_0^x\frac{\partial}{\partial t}\left(\frac{\partial v(\xi,t)}{\partial \xi}\cdot\frac{\partial^2 v(\xi,t)}{\partial \xi\,\partial t}\right)\mathrm{d}\xi=0\end{aligned} \tag{8.1.18}$$

方程（8.1.18）就是关于梁的轴向自由振动 $w(x,t)$ 的微分方程。注意该方程中还含有横向自由振动变量 $v(x,t)$，因此，梁的轴向自由振动与横向自由振动是耦合的。

将方程（8.1.15）和方程（8.1.18）联立，形成如下的方程组：

$$\begin{cases}EI\dfrac{\partial^4 v(x,t)}{\partial x^4}+\rho A\dfrac{\partial^2 v(x,t)}{\partial t^2}-EA\dfrac{\partial v(x,t)}{\partial x}\cdot\dfrac{\partial^2 w(x,t)}{\partial x^2}\\-EA\dfrac{\partial^2 v(x,t)}{\partial x^2}\cdot\dfrac{\partial w(x,t)}{\partial x}=0 & \text{(8.1.19a)}\\\rho A\dfrac{\partial^2 w(x,t)}{\partial t^2}-EA\dfrac{\partial^2 w(x,t)}{\partial x^2}-EI\dfrac{\partial^4 v(x,t)}{\partial x^4}\cdot\dfrac{\partial v(x,t)}{\partial x}-EI\dfrac{\partial^3 v(x,t)}{\partial x^3}\cdot\dfrac{\partial^2 v(x,t)}{\partial x^2}\\-\rho A\displaystyle\int_0^x\frac{\partial}{\partial t}\left(\frac{\partial v(\xi,t)}{\partial \xi}\cdot\frac{\partial^2 v(\xi,t)}{\partial \xi\,\partial t}\right)\mathrm{d}\xi=0 & \text{(8.1.19b)}\end{cases}$$

方程组（8.1.19）就是末端带有集中质量的悬臂梁和简支梁的弯曲自由振动（含横向自由振动 $v(x,t)$ 和轴向自由振动 $w(x,t)$）的偏微分积分方程组，该方程组中计入了轴向力对于梁弯曲自由振动的影响。

8.2　末端带有集中质量的悬臂梁和简支梁的弯曲自由振动的计算方法

方程组（8.1.19）是一非线性偏微分积分方程组，要获得其精确的解析解是非

常困难的。因此，这里应用假设模态法[9]寻求其近似的数值解。根据假设模态法，可以将 $v(x,t)$ 和 $w(x,t)$ 分别表达为

$$v(x,t)=\sum_{i=1}^{n}\phi_{1i}(x)q_{1i}(t) \tag{8.2.1}$$

$$w(x,t)=\sum_{i=1}^{n}\phi_{2i}(x)q_{2i}(t) \tag{8.2.2}$$

式中，$\phi_{1i}(x)$ 和 $q_{1i}(t)$ 分别为梁的横向振动的假设模态函数和相应的广义坐标；n 为截取的假设模态函数的个数；$\phi_{2i}(x)$ 和 $q_{2i}(t)$ 分别为梁的轴向振动的假设模态函数和相应的广义坐标。

对于如图 8.0.1 所示的末端带有集中质量的等截面悬臂梁而言，其横向振动的假设模态函数 $\phi_{1i}(x)$ 可以选取为[10]

$$\phi_{1i}(x)=\cos\beta_i x-\cosh\beta_i x+\gamma_i(\sin\beta_i x-\sinh\beta_i x)\quad(i=1,2,\cdots,n) \tag{8.2.3}$$

式中

$$\gamma_i=-\frac{\cos\beta_i l+\cosh\beta_i l}{\sin\beta_i l+\sinh\beta_i l}\quad(i=1,2,\cdots,n) \tag{8.2.4}$$

这里 l 为梁的原长；β_i 为频率方程

$$\rho A(1+\cos\beta l\cosh\beta l)=m\beta(\sin\beta l\cosh\beta l-\cos\beta l\sinh\beta l) \tag{8.2.5}$$

的根，其中，m 为梁末端的集中质量。

对于如图 8.0.2 所示的等截面简支梁而言，其横向振动的假设模态函数 $\phi_{1i}(x)$ 可以选取为[10]

$$\phi_{1i}(x)=\sin\frac{i\pi x}{l}\quad(i=1,2,\cdots,n) \tag{8.2.6}$$

末端带有集中质量的等截面梁（如图 8.0.1 和图 8.0.2 所示的两种带有集中质量的等截面梁）的轴向振动的假设模态函数 $\phi_{2i}(x)$ 可以选取为[10]

$$\phi_{2i}(x)=\sin\frac{b_i x}{l}\quad(i=1,2,\cdots,n) \tag{8.2.7}$$

式中，b_i 为频率方程

$$b\tan b=\frac{\rho A l}{m} \tag{8.2.8}$$

的根，其中 m 为梁末端的集中质量（对于如图 8.0.2 所示的等截面简支梁而言，其末端的集中质量就是活动铰支座的质量）。

将式（8.2.1）和式（8.2.2）代入方程（8.1.19a），并在方程的两边同乘以 $\phi_{1k}(x)(k=1,2,\cdots,n)$，然后沿梁长取定积分，得到

$$\rho A\sum_{i=1}^{n}a_{ki}\ddot{q}_{1i}(t)+EI\sum_{i=1}^{n}c_{ki}q_{1i}(t)-EA\sum_{i=1}^{n}\sum_{j=1}^{n}h_{kij}q_{1i}(t)q_{2j}(t)=0\quad(k=1,2,\cdots,n) \tag{8.2.9}$$

式中

$$a_{ki}=\int_0^l \phi_{1k}(x)\phi_{1i}(x)\mathrm{d}x \quad (k,i=1,2,\cdots,n) \tag{8.2.10}$$

$$c_{ki}=\int_0^l \phi_{1k}(x)\phi_{1i}^{(4)}(x)\mathrm{d}x \quad (k,i=1,2,\cdots,n) \tag{8.2.11}$$

$$h_{kij}=\int_0^l \phi_{1k}(x)[\phi_{1i}'(x)\phi_{2j}''(x)+\phi_{1i}''(x)\phi_{2j}'(x)]\mathrm{d}x \quad (k,i,j=1,2,\cdots,n) \tag{8.2.12}$$

类似地将式（8.2.1）和式（8.2.2）代入方程（8.1.19b），并在方程的两边同乘以 $\phi_{2k}(x)(k=1,2,\cdots,n)$ ，然后沿梁长取定积分，得到

$$\begin{aligned}&\rho A\sum_{i=1}^{n} f_{ki}\ddot{q}_{2i}(t)-EA\sum_{i=1}^{n} g_{ki}q_{2i}(t)-EI\sum_{i=1}^{n}\sum_{j=1}^{n} r_{kij}q_{1i}(t)q_{1j}(t)\\&-\rho A\sum_{i=1}^{n}\sum_{j=1}^{n} s_{kij}[\dot{q}_{1i}(t)\dot{q}_{1j}(t)+q_{1i}(t)\ddot{q}_{1j}(t)]=0 \quad (k=1,2,\cdots,n)\end{aligned} \tag{8.2.13}$$

式中

$$f_{ki}=\int_0^l \phi_{2k}(x)\phi_{2i}(x)\mathrm{d}x \quad (k,i=1,2,\cdots,n) \tag{8.2.14}$$

$$g_{ki}=\int_0^l \phi_{2k}(x)\phi_{2i}''(x)\mathrm{d}x \quad (k,i=1,2,\cdots,n) \tag{8.2.15}$$

$$r_{kij}=\int_0^l \phi_{2k}(x)[\phi_{1i}^{(4)}(x)\phi_{1j}'(x)+\phi_{1i}^{(3)}(x)\phi_{1j}''(x)]\mathrm{d}x \quad (k,i,j=1,2,\cdots,n) \tag{8.2.16}$$

$$s_{kij}=\int_0^l \phi_{2k}(x)[\int_0^x \phi_{1i}'(\xi)\phi_{1j}'(\xi)\mathrm{d}\xi]\mathrm{d}x \quad (k,i,j=1,2,\cdots,n) \tag{8.2.17}$$

将方程（8.2.9）和方程（8.2.13）联立，形成如下的方程组：

$$\begin{cases}\rho A\sum_{i=1}^{n} a_{ki}\ddot{q}_{1i}(t)+EI\sum_{i=1}^{n} c_{ki}q_{1i}(t)-EA\sum_{i=1}^{n}\sum_{j=1}^{n} h_{kij}q_{1i}(t)q_{2j}(t)=0 \quad (k=1,2,\cdots,n) & (8.2.18\text{a})\\ \rho A\sum_{i=1}^{n} f_{ki}\ddot{q}_{2i}(t)-EA\sum_{i=1}^{n} g_{ki}q_{2i}(t)-EI\sum_{i=1}^{n}\sum_{j=1}^{n} r_{kij}q_{1i}(t)q_{1j}(t) & \\ -\rho A\sum_{i=1}^{n}\sum_{j=1}^{n} s_{kij}[\dot{q}_{1i}(t)\dot{q}_{1j}(t)+q_{1i}(t)\ddot{q}_{1j}(t)]=0 \quad (k=1,2,\cdots,n) & (8.2.18\text{b})\end{cases}$$

方程组（8.2.18）就是以广义坐标形式描述的末端带有集中质量的悬臂梁和简支梁的弯曲自由振动的常微分方程组，该方程组中计入了轴向力对于梁弯曲自由振动的影响。考虑到该方程组是一组非线性的常微分方程，一般无法求得其解析解，故可以应用 Matlab ode45 solver[3]求其近似的数值解。为此需要预先确定各广义坐标和广义速度的初始值，这些初始值可以采用以下的方法来确定。

令式（8.2.1）中的 $t=0$ ，则有

$$v(x,0)=\sum_{i=1}^{n}\phi_{1i}(x)q_{1i}(0) \tag{8.2.19}$$

在式（8.2.19）两边同乘以 $\phi_{1k}(x)(k=1,2,\cdots,n)$ ，然后沿梁长取定积分，得到

$$d_k=\sum_{i=1}^{n} a_{ki}q_{1i}(0) \quad (k=1,2,\cdots,n) \tag{8.2.20}$$

式中，a_{ki} 的表达式见式（8.2.10）；d_k 的表达式如下：

$$d_k = \int_0^l v(x,0)\phi_{1k}(x)\mathrm{d}x \quad (k=1,2,\cdots,n) \tag{8.2.21}$$

通过求解线性代数方程组（8.2.20），即可求出 $q_{1i}(0)\ (i=1,2,\cdots,n)$ 的值。类似地通过分别求解线性代数方程组（8.2.22）、方程组（8.2.23）和方程组（8.2.24），即可求出 $\dot{q}_{1i}(0)$、$q_{2i}(0)$ 和 $\dot{q}_{2i}(0)\ (i=1,2,\cdots,n)$ 的值。

$$D_k = \sum_{i=1}^{n} a_{ki}\dot{q}_{1i}(0) \quad (k=1,2,\cdots,n) \tag{8.2.22}$$

$$e_k = \sum_{i=1}^{n} f_{ki}q_{2i}(0) \quad (k=1,2,\cdots,n) \tag{8.2.23}$$

$$E_k = \sum_{i=1}^{n} f_{ki}\dot{q}_{2i}(0) \quad (k=1,2,\cdots,n) \tag{8.2.24}$$

式中，f_{ki} 的表达式见式（8.2.14）；D_k、e_k 和 E_k 的表达式分别如下：

$$D_k = \int_0^l \dot{v}(x,0)\phi_{1k}(x)\mathrm{d}x \quad (k=1,2,\cdots,n) \tag{8.2.25}$$

$$e_k = \int_0^l w(x,0)\phi_{2k}(x)\mathrm{d}x \quad (k=1,2,\cdots,n) \tag{8.2.26}$$

$$E_k = \int_0^l \dot{w}(x,0)\phi_{2k}(x)\mathrm{d}x \quad (k=1,2,\cdots,n) \tag{8.2.27}$$

采用以上方法确定了各广义坐标和各广义速度的初值 $q_{1i}(0)$、$q_{2i}(0)$、$\dot{q}_{1i}(0)$ 和 $\dot{q}_{2i}(0)\ (i=1,2,\cdots,n)$ 后，应用 Matlab ode45 solver[3]求常微分方程组（8.2.18）初值问题的数值解，即可得到各广义坐标 $q_{1i}(t)$ 和 $q_{2i}(t)\ (i=1,2,\cdots,n)$ 对应于不同时刻的数值，在此基础上，应用式（8.2.1）就可以进一步求得梁的弯曲自由振动（横向自由振动）响应。这就是针对末端带有集中质量的悬臂梁和简支梁所构造的确定其弯曲自由振动响应的计算方法，该算法中计入了轴向力对梁弯曲自由振动的影响。

8.3 计算实例 1

如图 8.0.1 所示，末端带有集中质量的悬臂梁的参数如下：梁长 $l=0.5\mathrm{m}$，横截面积 $A=1\times10^{-5}\mathrm{m}^2$，截面惯性矩 $I=8.3333\times10^{-13}\mathrm{m}^4$，梁的弹性模量 $E=2.01\times10^{11}\mathrm{N/m}^2$，梁的密度 $\rho=7.866\times10^3\mathrm{kg/m}^3$，梁末端的集中质量 $m=k\rho Al$（$k=0,1,\cdots,5$ 表示梁末端的集中质量与梁的质量之比）。梁的初始状态为 $v(x,0)=\dfrac{l\phi_{11}(x)}{8\phi_{11}(l)}$（$\phi_{11}(x)$ 的表达式见式（8.2.3）），$\dot{v}(x,0)=0$，$w(x,0)=0$ 和 $\dot{w}(x,0)=0$。试确定该梁末端的横向自由振动响应。

选定梁的假设模态函数的个数 $n=2$，然后应用 8.2 节所述的算法，求得计入轴向力影响的该梁末端的横向自由振动响应。图 8.3.1～图 8.3.6 中的实线分别表示在 $k=0,1,\cdots,5$ 的情形下求得的计入轴向力影响的梁末端的横向自由振动响应，虚线表示采用传统的未计入轴向力影响的方法（或算法）所获得的梁末端的横向自由振动响应。

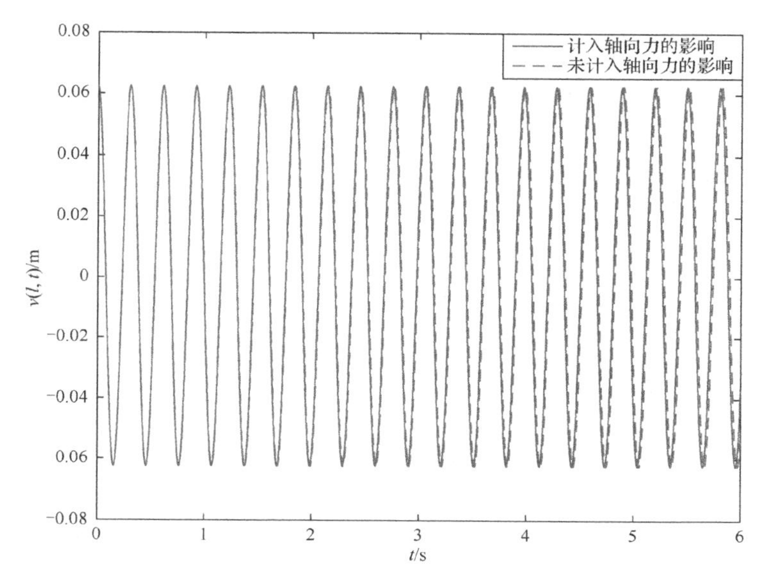

图 8.3.1　梁末端的横向自由振动响应（$k=0$）

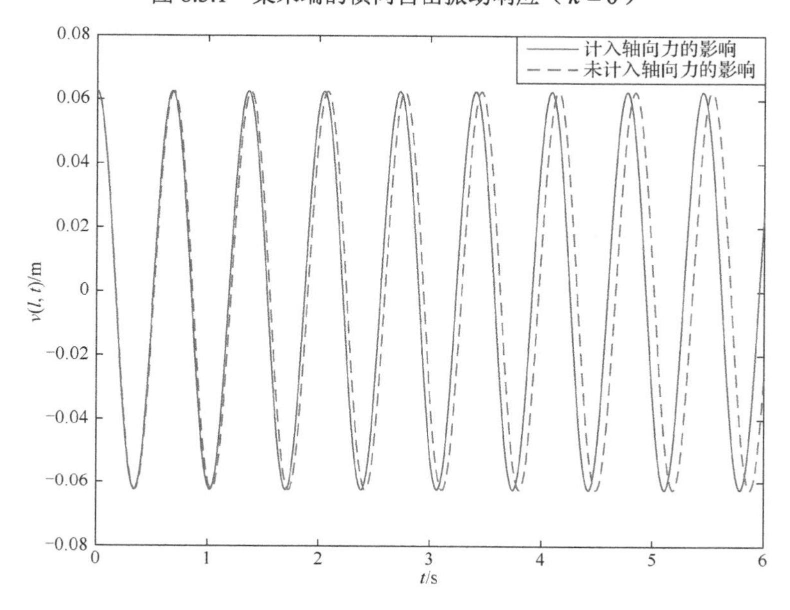

图 8.3.2　梁末端的横向自由振动响应（$k=1$）

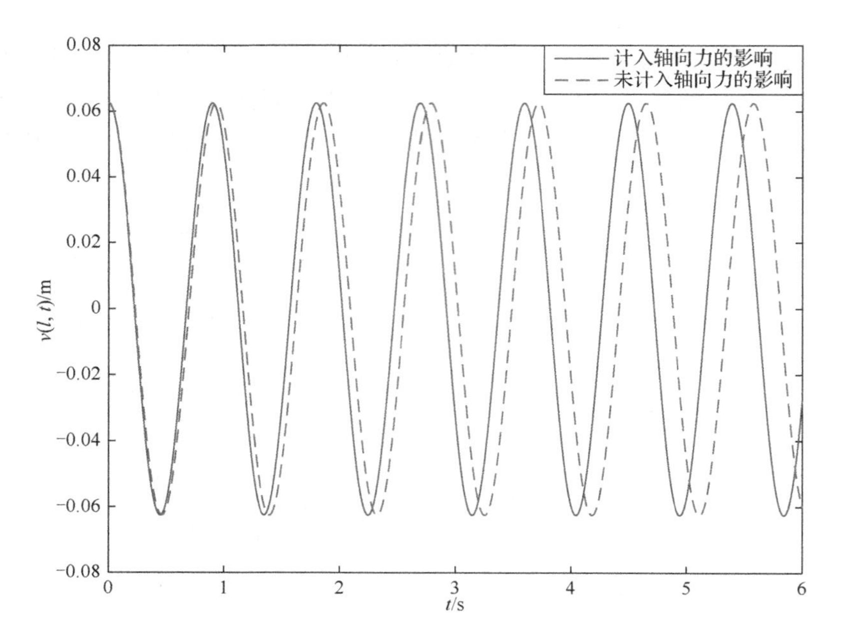

图 8.3.3　梁末端的横向自由振动响应（$k=2$）

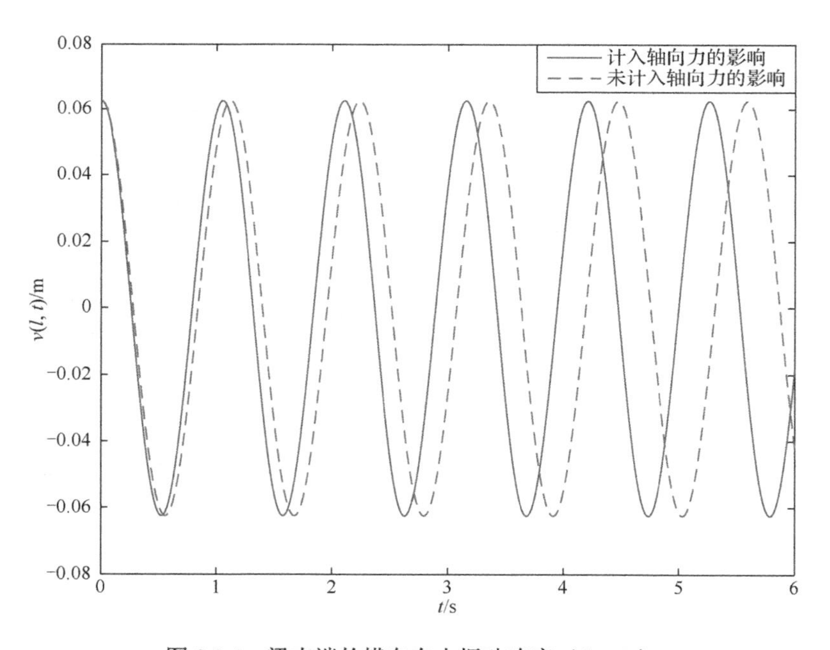

图 8.3.4　梁末端的横向自由振动响应（$k=3$）

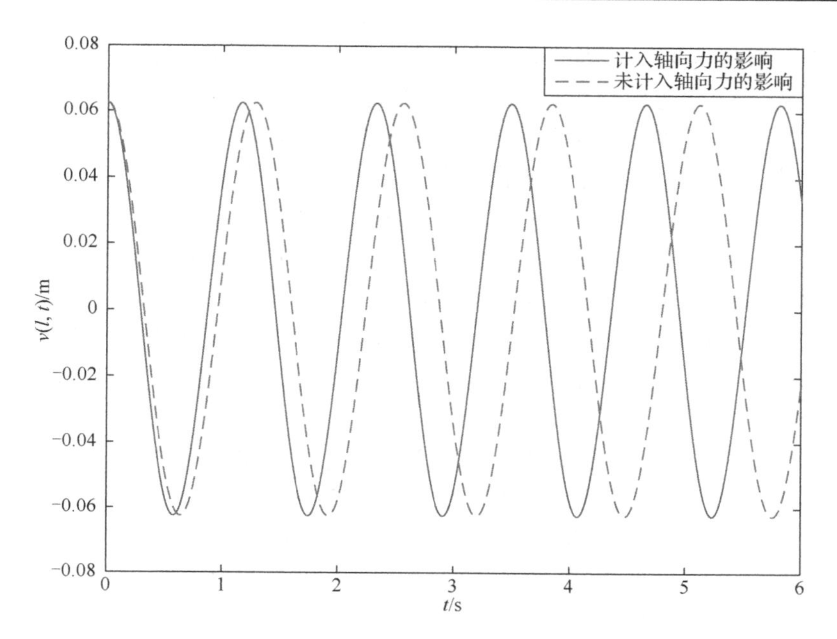

图 8.3.5　梁末端的横向自由振动响应（$k=4$）

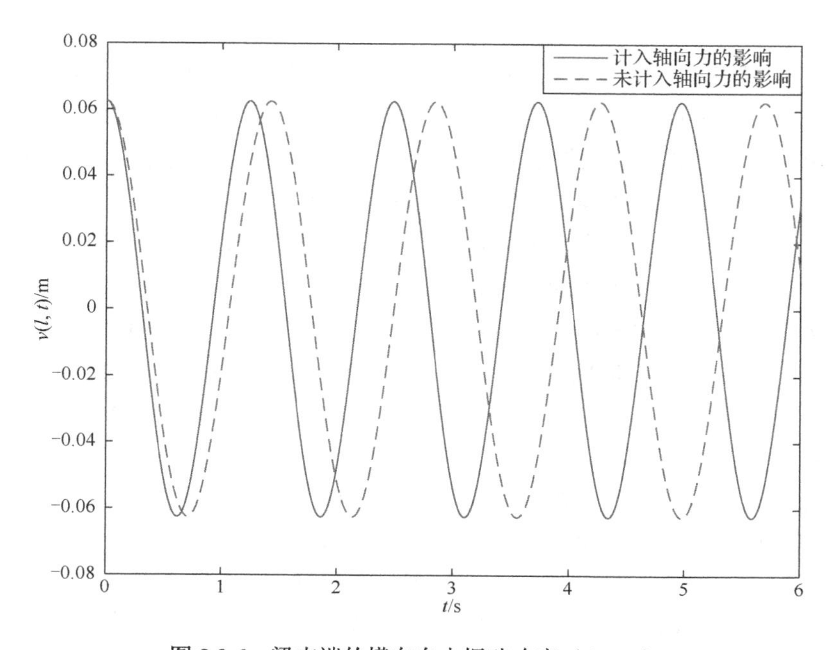

图 8.3.6　梁末端的横向自由振动响应（$k=5$）

将图 8.3.1 中的实线和虚线进行比较，可以看出，在 $k=0$ 的情形下，计入和未计入轴向力影响的梁的弯曲自由振动响应几乎没有差别。究其原因，在梁的末端无集中质量的情形下，梁弯曲自由振动中梁内每一横截面上的轴向力都很小，因而轴向力对于梁弯曲自由振动的影响也就很小（以至于这种影响可以忽略不计）。也就是说，在梁的末端无集中质量的情形下，梁的弯曲自由振动响应可以通过采用传统的未计入轴向力影响的方法（或算法）很精确地获得。

对比图 8.3.2～图 8.3.6 中的实线和虚线，容易看出，在梁的末端存在集中质量的情形下，计入轴向力影响的梁的弯曲自由振动的频率高于未计入这种影响的梁的弯曲自由振动频率。这一现象可以作如下的解释：在梁的弯曲自由振动中，梁末的集中质量会沿弧线 B_0B_1 运动（图 8.0.1），因此，该集中质量存在沿轴向方向的加速度分量，则梁内必然存在相应的轴向拉力，而这种轴向拉力具有提高梁弯曲振动频率的作用。

从图 8.3.2～图 8.3.6 可以看出，计入和未计入轴向力影响的梁的弯曲自由振动响应之间的差别随着梁末端集中质量的增大而变大，这种差别在 $k\geqslant 3$ 的情形下变得十分显著。这表明：在梁末端集中质量比较大的情况下，要想得到更为精确的梁的弯曲自由振动响应，就必须在计算中计入轴向力的影响。

8.4 计算实例 2

如图 8.0.2 所示的简支梁的参数如下：梁长 $l=1\text{m}$，横截面积 $A=1\times10^{-5}\text{m}^2$，截面惯性矩 $I=8.3333\times10^{-13}\text{m}^4$，梁的弹性模量 $E=2.01\times10^{11}\text{N/m}^2$，梁的密度 $\rho=7.866\times10^3\text{kg/m}^3$，活动铰支座的质量 $m=k\rho Al$（$k=0.5,1,3,6,8$，表示活动铰支座的质量与梁的质量之比）。梁的初始状态为 $v(x,0)=l/20\sin(\pi x/l)$，$\dot{v}(x,0)=0$，$w(x,0)=0$ 和 $\dot{w}(x,0)=0$。试确定该梁中点的横向自由振动响应。

选定梁的假设模态函数的个数 $n=2$，然后应用 8.2 节中所述的算法，求得计入轴向力影响的该梁中点的横向自由振动响应。图 8.4.1～图 8.4.5 中的实线分别表示在 $k=0.5,1,3,6,8$ 的情形下所求得的计入轴向力影响的梁中点的横向自由振动响应，虚线表示采用传统的未计入轴向力影响的方法（或算法）所求得的该梁中点的横向自由振动响应。

将图 8.4.1～图 8.4.5 中的实线和虚线进行比较，可以看出，计入轴向力影响的梁的弯曲自由振动的频率低于未计入这种影响的梁的弯曲自由振动频率。另外，从图 8.4.1～图 8.4.5 可以看出，计入与未计入轴向力影响的梁的弯曲自由振动频率之间的差异随着活动铰支座质量的增大而变大。对于具有较大质量的活动铰支座的简支梁而言，上述差异变得十分显著。这表明，对于具有较大质量的活动铰支座的简支梁而言，要想得到更为精确的梁的弯曲自由振动响应，就必须在分析和计算中计入轴向力的影响。

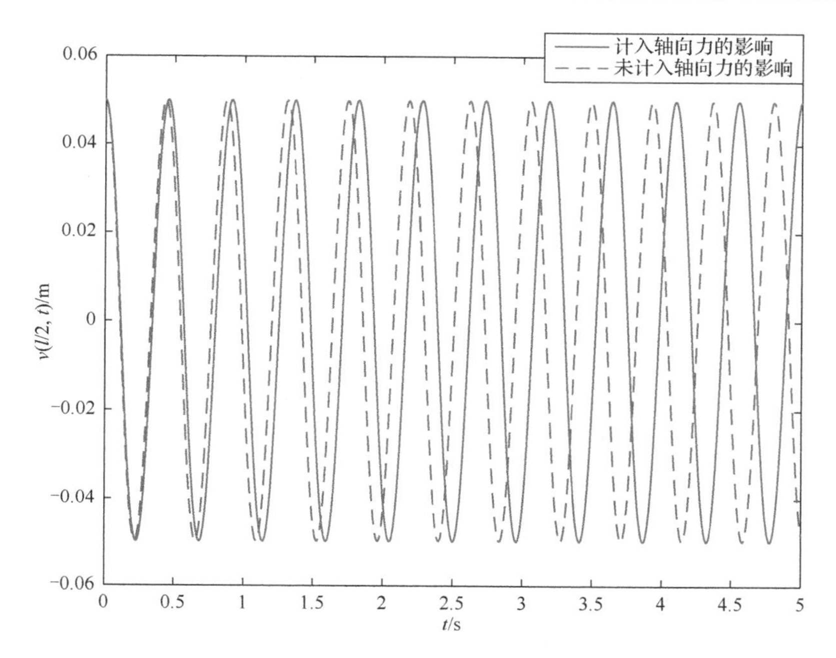

图 8.4.1　梁中点的横向自由振动响应（$k=0.5$）

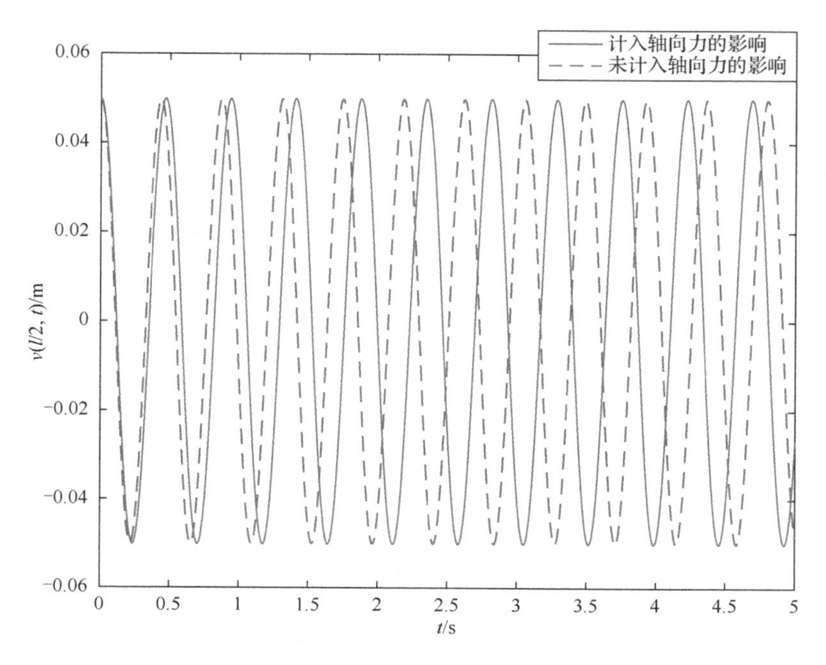

图 8.4.2　梁中点的横向自由振动响应（$k=1$）

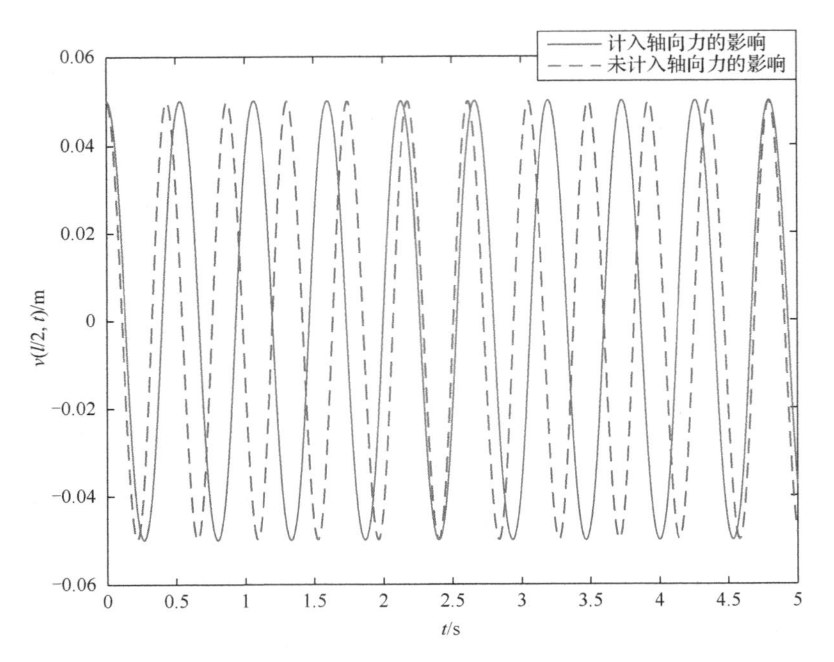

图 8.4.3　梁中点的横向自由振动响应（$k=3$）

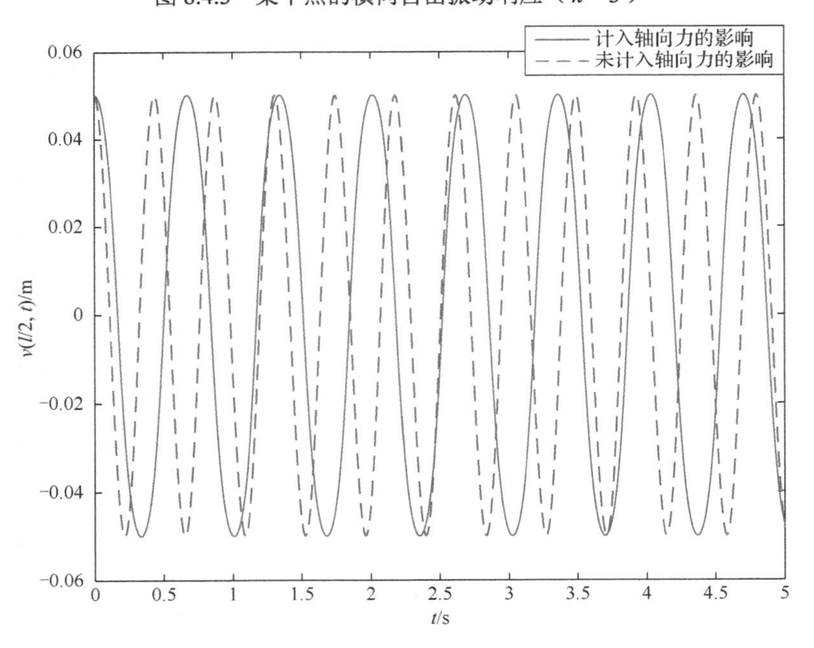

图 8.4.4　梁中点的横向自由振动响应（$k=6$）

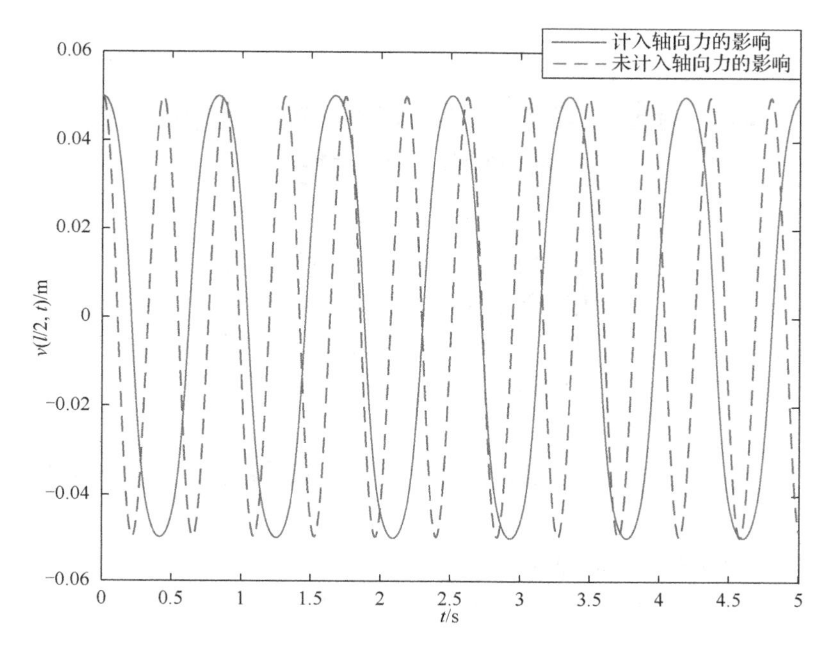

图 8.4.5　梁中点的横向自由振动响应（$k=8$）

第 9 章 具有大范围平面运动的弹性悬臂梁的动力学分析

工程中的不少运动构件（如平面机械臂的末端梁式构件、某些卫星的鞭状天线等）都可以看作是具有大范围平面运动的弹性悬臂梁，因此，研究这种具有大范围平面运动的弹性悬臂梁的动力学问题具有重要的实际意义。本章将介绍具有大范围平面运动的弹性悬臂梁的动力学建模和计算的有关内容。

9.1 具有大范围平面运动的弹性悬臂梁的动力学建模

一根长度为 l 的等截面弹性梁 OD 的一端固连于刚体 B，如图 9.1.1 所示，设刚体 B 在固定坐标平面 O_0XY 内运动，该运动诱发悬臂梁 OD 相对于刚体 B 发生弹性运动（弯曲运动）。

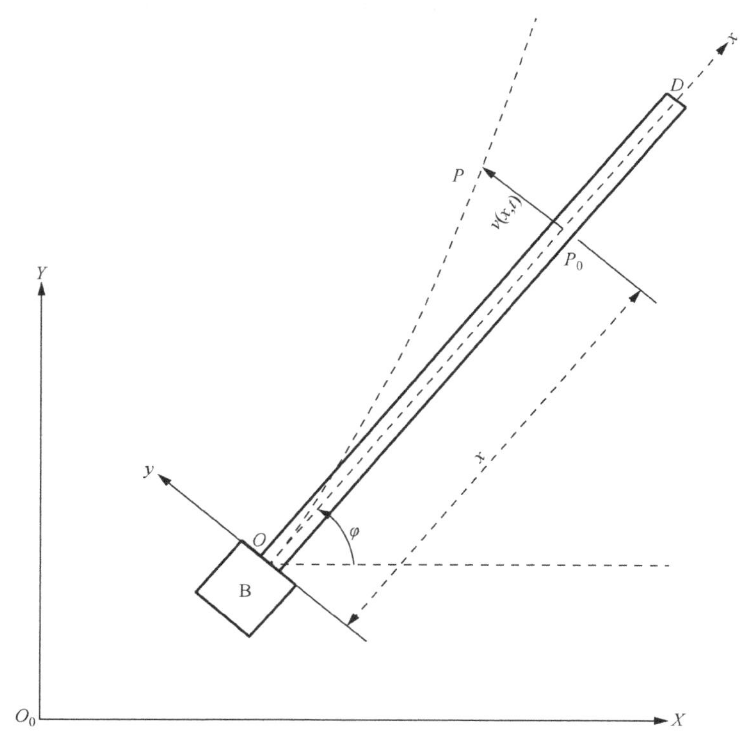

图 9.1.1 具有大范围平面运动的弹性悬臂梁

注意，在图 9.1.1 中，刚体 B 的平面运动代表了悬臂梁 OD 的大范围运动。下面建立悬臂梁 OD 相对于刚体 B 的弹性运动微分方程。在坐标平面 O_0XY 内建立与刚体 B 固连的坐标系 Oxy（其中轴 x 与未变形的悬臂梁的中轴线重合）。图 9.1.1 中 $v(x,t)$ 表示梁的中轴线上坐标为 x 的点 P_0 所产生的横向位移。设点 O 在坐标系 O_0XY 中的坐标为（X,Y），轴 x 相对轴 X 的倾角为 φ，则刚体 B（动坐标系 Oxy）的平面运动方程可表示为

$$\begin{cases} X = X(t) \\ Y = Y(t) \\ \varphi = \varphi(t) \end{cases} \tag{9.1.1}$$

为了应用牛顿第二定律建立悬臂梁 OD 相对于刚体 B 的弹性运动微分方程，在梁上任意截取一微段 $\mathrm{d}x$ 为研究对象，此微段在任意时刻的受力如图 9.1.2 所示，图中 N、Q 和 M 分别为作用在梁微段左端面上的轴力、剪力和弯矩，θ 为梁微段左端面的转角，点 P 为该端面的形心。应用牛顿第二定律，可以写出该微段沿 y 轴方向的运动微分方程为

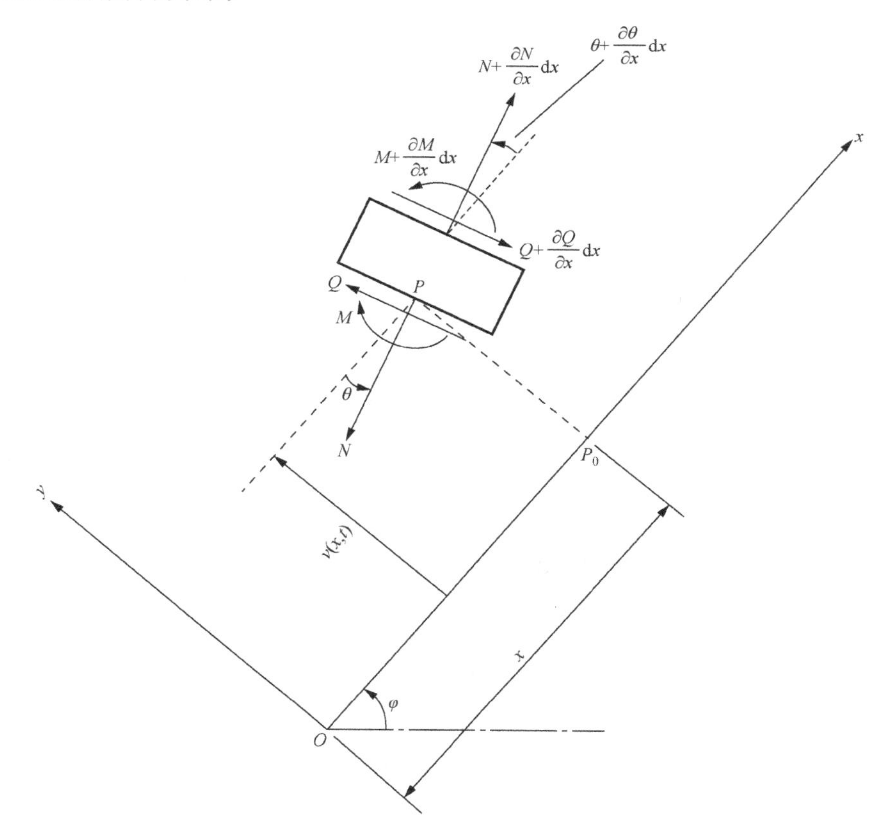

图 9.1.2　具有大范围平面运动的弹性悬臂梁的梁微段的受力图

$$(\rho A\mathrm{d}x)a_{Py}=-N\sin\theta+Q\cos\theta+\left(N+\frac{\partial N}{\partial x}\mathrm{d}x\right)\sin\left(\theta+\frac{\partial\theta}{\partial x}\mathrm{d}x\right)$$
$$-\left(Q+\frac{\partial Q}{\partial x}\mathrm{d}x\right)\cos\left(\theta+\frac{\partial\theta}{\partial x}\mathrm{d}x\right)\tag{9.1.2}$$

式中，ρ 和 A 分别为梁的密度和横截面积；a_{Py} 为点 P 的绝对加速度 $\boldsymbol{a}_P$ 在 y 轴上的投影。根据点的加速度合成定理[14]，有

$$\boldsymbol{a}_P=\boldsymbol{a}_O+\boldsymbol{\varepsilon}\times\boldsymbol{r}+\boldsymbol{\omega}\times(\boldsymbol{\omega}\times\boldsymbol{r})+\frac{\tilde{\mathrm{d}}^2\boldsymbol{r}}{\mathrm{d}t^2}+2\boldsymbol{\omega}\times\frac{\tilde{\mathrm{d}}\boldsymbol{r}}{\mathrm{d}t}\tag{9.1.3}$$

式中，$\boldsymbol{a}_O$ 为点 O 的绝对加速度；$\boldsymbol{\omega}$ 和 $\boldsymbol{\varepsilon}$ 分别为动坐标系 Oxy 相对定坐标系 O_0XY 的角速度和角加速度；$\boldsymbol{r}$ 为点 P 相对动坐标系 Oxy 的矢径；$\dfrac{\tilde{\mathrm{d}}\boldsymbol{r}}{\mathrm{d}t}$ 和 $\dfrac{\tilde{\mathrm{d}}^2\boldsymbol{r}}{\mathrm{d}t^2}$ 分别表示 $\boldsymbol{r}$ 对时间的一阶和二阶相对导数。上述各量可以分别表达为

$$\boldsymbol{a}_O=\ddot{X}\boldsymbol{i}_0+\ddot{Y}\boldsymbol{j}_0=(\ddot{X}\cos\varphi+\ddot{Y}\sin\varphi)\boldsymbol{i}-(\ddot{X}\sin\varphi-\ddot{Y}\cos\varphi)\boldsymbol{j}\tag{9.1.4}$$

$$\boldsymbol{\omega}=\dot{\varphi}\boldsymbol{k}\tag{9.1.5}$$

$$\boldsymbol{\varepsilon}=\ddot{\varphi}\boldsymbol{k}\tag{9.1.6}$$

$$\boldsymbol{r}=x\boldsymbol{i}+v\boldsymbol{j}\tag{9.1.7}$$

$$\frac{\tilde{\mathrm{d}}\boldsymbol{r}}{\mathrm{d}t}=\frac{\partial v}{\partial t}\boldsymbol{j}\tag{9.1.8}$$

$$\frac{\tilde{\mathrm{d}}^2\boldsymbol{r}}{\mathrm{d}t^2}=\frac{\partial^2 v}{\partial t^2}\boldsymbol{j}\tag{9.1.9}$$

式（9.1.4）～式（9.1.9）中的 $\boldsymbol{i}_0$、$\boldsymbol{j}_0$、$\boldsymbol{i}$、$\boldsymbol{j}$ 和 $\boldsymbol{k}$ 分别表示沿坐标轴 X、Y、x、y 和 z 的正向的单位矢量。将式（9.1.4）～式（9.1.9）代入式（9.1.3），得到

$$\boldsymbol{a}_P=\left[\ddot{X}\cos\varphi+\ddot{Y}\sin\varphi-\ddot{\varphi}v-\dot{\varphi}^2x-2\dot{\varphi}\frac{\partial v}{\partial t}\right]\boldsymbol{i}+\left[-\ddot{X}\sin\varphi+\ddot{Y}\cos\varphi+\ddot{\varphi}x-\dot{\varphi}^2v+\frac{\partial^2 v}{\partial t^2}\right]\boldsymbol{j}\tag{9.1.10}$$

由式（9.1.10）可以得出矢量 $\boldsymbol{a}_P$ 沿 y 轴方向的投影为

$$a_{Py}=-\ddot{X}\sin\varphi+\ddot{Y}\cos\varphi+\ddot{\varphi}x-\dot{\varphi}^2v+\frac{\partial^2 v}{\partial t^2}\tag{9.1.11}$$

在梁的小变形情形下，有

$$\sin\theta\approx\theta\tag{9.1.12}$$

$$\cos\theta\approx 1\tag{9.1.13}$$

$$\sin\left(\theta+\frac{\partial\theta}{\partial x}\mathrm{d}x\right)\approx\theta+\frac{\partial\theta}{\partial x}\mathrm{d}x\tag{9.1.14}$$

$$\cos\left(\theta+\frac{\partial\theta}{\partial x}\mathrm{d}x\right)\approx 1 \tag{9.1.15}$$

$$\theta\approx\frac{\partial v}{\partial x} \tag{9.1.16}$$

将式（9.1.11）～式（9.1.15）代入式（9.1.2），得到

$$\begin{aligned}&\rho A\left(-\ddot{X}\sin\varphi+\ddot{Y}\cos\varphi+\ddot{\varphi}x-\dot{\varphi}^2v+\frac{\partial^2 v}{\partial t^2}\right)\mathrm{d}x\\&=-\frac{\partial Q}{\partial x}\mathrm{d}x+\theta\cdot\frac{\partial N}{\partial x}\mathrm{d}x+N\cdot\frac{\partial\theta}{\partial x}\mathrm{d}x+\frac{\partial N}{\partial x}\cdot\frac{\partial\theta}{\partial x}\cdot(\mathrm{d}x)^2\end{aligned} \tag{9.1.17}$$

忽略式（9.1.17）中的二阶微量项$\frac{\partial N}{\partial x}\cdot\frac{\partial\theta}{\partial x}\cdot(\mathrm{d}x)^2$，再将该式的两端同除以$\mathrm{d}x$，得到

$$\rho A\left(-\ddot{X}\sin\varphi+\ddot{Y}\cos\varphi+\ddot{\varphi}x-\dot{\varphi}^2v+\frac{\partial^2 v}{\partial t^2}\right)=-\frac{\partial Q}{\partial x}+\theta\cdot\frac{\partial N}{\partial x}+N\cdot\frac{\partial\theta}{\partial x} \tag{9.1.18}$$

如图 9.1.2 所示，在忽略梁微段转动惯性的情形下（伯努利-欧拉梁假设），有

$$\sum M_P=0 \tag{9.1.19}$$

即

$$-M+\left(M+\frac{\partial M}{\partial x}\mathrm{d}x\right)-\left(Q+\frac{\partial Q}{\partial x}\mathrm{d}x\right)\mathrm{d}x=0 \tag{9.1.20}$$

忽略式（9.1.20）中的二阶微量项，并将该式的两端同除以$\mathrm{d}x$，得到

$$Q=\frac{\partial M}{\partial x} \tag{9.1.21}$$

将伯努利-欧拉公式$M=EI\frac{\partial^2 v}{\partial x^2}$代入式（9.1.21），得到

$$Q=EI\frac{\partial^3 v}{\partial x^3} \tag{9.1.22}$$

将式（9.1.22）代入式（9.1.18），得到

$$\rho A\left(-\ddot{X}\sin\varphi+\ddot{Y}\cos\varphi+\ddot{\varphi}x-\dot{\varphi}^2v+\frac{\partial^2 v}{\partial t^2}\right)=-EI\frac{\partial^4 v}{\partial x^4}+\underline{\frac{\partial(N\theta)}{\partial x}} \tag{9.1.23}$$

式（9.1.23）中的画线项体现了轴力N对于梁弯曲运动的影响。考虑到梁内的轴向力由梁的大范围运动所导致，因此，在梁的小变形情形下，有

$$N\approx\bar{N} \tag{9.1.24}$$

式中，$\bar{N}$表示把梁看作刚性直梁时，坐标为x处的梁的横截面上的轴力。当把梁看作刚性直梁时，取坐标为x处的横截面到自由端D的这一段截断梁为研究对象，对该段梁沿x轴方向应用质心运动定理，可以推得

$$\bar{N} = \rho A(x-l)\left(\ddot{X}\cos\varphi + \ddot{Y}\sin\varphi - \dot{\varphi}^2 \frac{x+l}{2}\right) \tag{9.1.25}$$

将式（9.1.25）代入式（9.1.24），得到

$$N = \rho A(x-l)\left(\ddot{X}\cos\varphi + \ddot{Y}\sin\varphi - \dot{\varphi}^2 \frac{x+l}{2}\right) \tag{9.1.26}$$

将式（9.1.26）和式（9.1.16）代入式（9.1.23），得到

$$EI\frac{\partial^4 v}{\partial x^4} + \rho A\left[\frac{\partial^2 v}{\partial t^2} - \ddot{X}\sin\varphi + \ddot{Y}\cos\varphi + \ddot{\varphi}x - \dot{\varphi}^2 v + (l-x)\right.$$
$$\left.\cdot\left(\ddot{X}\cos\varphi + \ddot{Y}\sin\varphi - \dot{\varphi}^2\frac{x+l}{2}\right)\frac{\partial^2 v}{\partial x^2} - (\ddot{X}\cos\varphi + \ddot{Y}\sin\varphi - \dot{\varphi}^2 x)\frac{\partial v}{\partial x}\right] = 0 \tag{9.1.27}$$

方程（9.1.27）就是悬臂梁 OD 相对于刚体 B 的弹性运动（弯曲运动）偏微分方程，与该方程相配套的边界条件为

$$v(0,t) = 0, \quad v'(0,t) = 0, \quad v''(l,t) = 0, \quad v'''(l,t) = 0 \tag{9.1.28}$$

偏微分方程（9.1.27）和边界条件（9.1.28）共同构成了研究具有大范围平面运动的弹性悬臂梁的动力学的模型。

9.2 具有大范围平面运动的弹性悬臂梁的弹性运动响应算法

方程（9.1.27）为一变系数的线性偏微分方程，要获得其精确的解析解是非常困难的，下面应用假设模态法求该方程满足边界条件（9.1.28）的近似解。根据假设模态法[9]，可以将 $v(x,t)$ 表达为

$$v(x,t) = \sum_{i=1}^{n} \psi_i(x) q_i(t) \tag{9.2.1}$$

式中，$\psi_i(x)$ 和 $q_i(t)$ 分别为梁弯曲振动的假设模态函数和相应的广义坐标；n 为截取的假设模态函数的个数。这里选取等截面悬臂梁弯曲振动的模态函数[10]作为 $\psi_i(x)$，则有

$$\psi_i(x) = \cos\beta_i x - \cosh\beta_i x + \gamma_i(\sin\beta_i x - \sinh\beta_i x) \quad (i = 1,2,\cdots,n) \tag{9.2.2}$$

式中

$$\beta_1 l = 1.875, \quad \beta_2 l = 4.694, \quad \beta_i l \approx (i-0.5)\pi \quad (i = 3,4,\cdots,n) \tag{9.2.3}$$

$$\gamma_i = -\frac{\cos\beta_i l + \cosh\beta_i l}{\sin\beta_i l + \sinh\beta_i l} \quad (i = 1,2,\cdots,n) \tag{9.2.4}$$

将式（9.2.1）代入方程（9.1.27）后，在方程的两边同乘以$\psi_j(x)$ $(j=1,2,\cdots,n)$，然后沿梁长取定积分（积分时考虑模态函数的正交性），得到

$$\rho A a_j \ddot{q}_j(t)+(EIb_j-\dot{\varphi}^2\rho A a_j)q_j(t)+\rho A\{(\ddot{Y}\cos\varphi-\ddot{X}\sin\varphi)c_j$$

$$+\ddot{\varphi}d_j+\sum_{i=1}^{n}[(\ddot{X}\cos\varphi+\ddot{Y}\sin\varphi)F_{ji}+\dot{\varphi}^2 S_{ji}]q_i(t)\}=0 \quad (j=1,2,\cdots,n) \tag{9.2.5}$$

式中

$$a_j=\int_0^l[\psi_j(x)]^2\mathrm{d}x \quad (j=1,2,\cdots,n) \tag{9.2.6}$$

$$b_j=\int_0^l\psi_j(x)\psi_j^{(4)}(x)\mathrm{d}x \quad (j=1,2,\cdots,n) \tag{9.2.7}$$

$$c_j=\int_0^l\psi_j(x)\mathrm{d}x \quad (j=1,2,\cdots,n) \tag{9.2.8}$$

$$d_j=\int_0^l x\psi_j(x)\mathrm{d}x \quad (j=1,2,\cdots,n) \tag{9.2.9}$$

$$F_{ji}=\int_0^l\psi_j(x)[\psi_i''(x)(l-x)-\psi_i'(x)]\mathrm{d}x \quad (j,i=1,2,\cdots,n) \tag{9.2.10}$$

$$S_{ji}=\int_0^l\psi_j(x)\left[x\psi_i'(x)-\frac{1}{2}\psi_i''(x)(l^2-x^2)\right]\mathrm{d}x \quad (j,i=1,2,\cdots,n) \tag{9.2.11}$$

与常微分方程组（9.2.5）相配套的初始条件可以表达为

$$q_j(0)=\frac{1}{a_j}\int_0^l\psi_j(x)v(x,0)\mathrm{d}x \quad (j=1,2,\cdots,n) \tag{9.2.12}$$

$$\dot{q}_j(0)=\frac{1}{a_j}\int_0^l\psi_j(x)\dot{v}(x,0)\mathrm{d}x \quad (j=1,2,\cdots,n) \tag{9.2.13}$$

根据式（9.2.12）和式（9.2.13）确定各广义坐标和广义速度的初始值后，再应用 Matlab ode45 solver[3]求常微分方程组（9.2.5）初值问题的数值解，即可求得各广义坐标对应于不同时刻的数值，在此基础上，应用式（9.2.1）就可以进一步求得梁的弹性运动（弯曲运动）响应。基于以上分析，可以将确定具有大范围平面运动的悬臂梁的弹性运动响应的算法总结如下：

（1）由式（9.2.2）选定假设模态函数$\psi_i(x)$ $(i=1,2,\cdots,n)$；

（2）分别由式（9.2.6）～式（9.2.11）计算出a_j、b_j、c_j、d_j、F_{ji}和S_{ji} $(j,i=1,2,\cdots,n)$的值；

（3）分别由式（9.2.12）和式（9.2.13）计算出$q_j(0)$和$\dot{q}_j(0)$ $(j=1,2,\cdots,n)$的值；

（4）应用 Matlab ode45 solver[3] 求常微分方程组（9.2.5）初值问题的数值解，进而得到各广义坐标$q_j(t)$ $(j=1,2,\cdots,n)$对应于不同时刻的数值；

（5）最后应用式（9.2.1）求得梁的弹性运动（弯曲运动）响应。

9.3 算　例　1

位于水平面内的一根等截面弹性悬臂梁的一端固连于刚性旋转轮上，如图 9.3.1 所示，旋转轮的半径$r = 0.55\text{m}$，梁的长度$l = 0.9\text{m}$，横截面积$A = 3.18\times10^{-5}\text{m}^2$，截面惯性矩$I = 2.65\times10^{-12}\text{m}^4$，密度$\rho = 7.866\times10^3\text{kg/m}^3$，弹性模量$E = 2.01\times10^{11}\text{N/m}^2$，坐标系$O_0XY$与机座固连，坐标系$Oxy$与旋转轮固连（其中轴$x$与未变形的弹性梁的中轴线重合），梁的初始状态为$v(x,0) = \dot{v}(x,0) = 0$，旋转轮的角速度为

$$\dot{\varphi} = \begin{cases} \dfrac{\omega_0}{T}t - \dfrac{\omega_0}{2\pi}\sin\left(\dfrac{2\pi}{T}t\right), & 0 \leqslant t \leqslant T \\ \omega_0, & t > T \end{cases} \tag{9.3.1}$$

式中，$\omega_0 = 8.5\text{rad/s}$；$T = 15\text{s}$。当$t = T$时，旋转轮的角速度达到稳态角速度$\omega_0$。试确定梁的自由端$D$的横向运动响应$v(l,t)$。

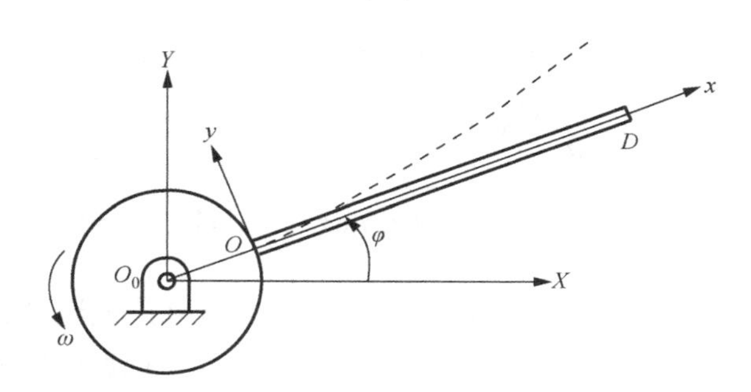

图 9.3.1　一端固连于刚性旋转轮上的弹性悬臂梁

动坐标系Oxy（同旋转轮固连的坐标系）的平面运动方程可表达为

$$\begin{cases} X = r\cos\varphi \\ Y = r\sin\varphi \\ \varphi = \int_0^t \dot{\varphi}\,\mathrm{d}t \end{cases} \tag{9.3.2}$$

选定梁的假设模态函数的个数$n = 2$，应用 9.2 节所述的算法，可以求得该梁自由端D的横向运动响应，如图 9.3.2 所示。

为了更加清楚地显示稳态运转阶段（$15\text{s} \leqslant t \leqslant 20\text{s}$）中梁的自由端的横向运动响应，将图 9.3.2 中对应于时域$15\text{s} \leqslant t \leqslant 20\text{s}$的曲线放大，见图 9.3.3。

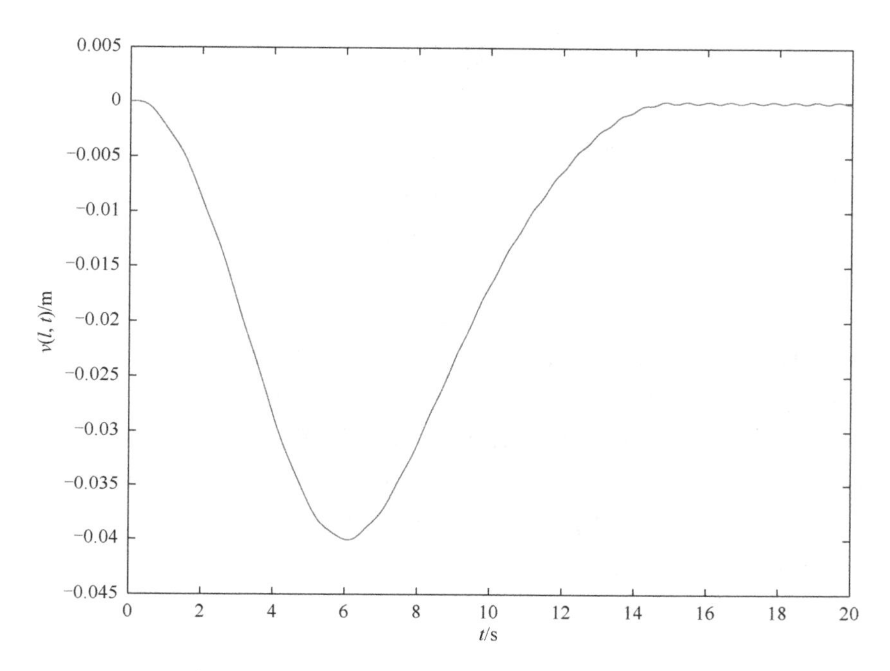

图 9.3.2　梁的自由端的横向运动响应（$0 \leqslant t \leqslant 20s$）

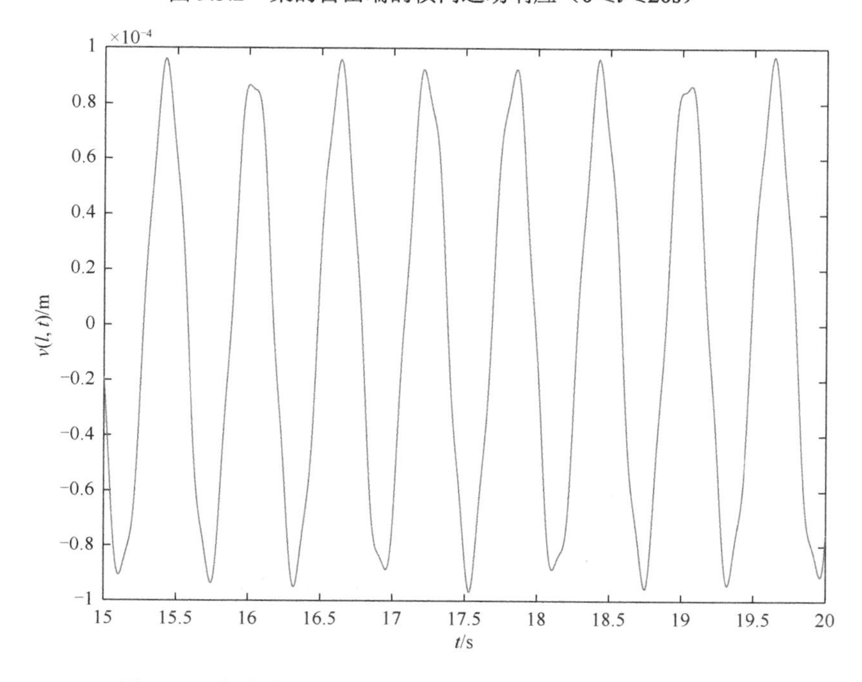

图 9.3.3　梁的自由端的横向运动响应放大图（$15s \leqslant t \leqslant 20s$）

9.4 算　例　2

如图 9.1.1 所示，一根等截面弹性梁 OD 的一端固连于刚体 B，该刚体在固定的水平坐标平面 O_0XY 内运动，其运动方程为

$$\begin{cases} X = a\sin\omega_1 t \\ Y = b\cos\omega_2 t \\ \varphi = \omega_3 t \end{cases} \tag{9.4.1}$$

式中，$a = 0.02\,\text{m}$；$b = 0.01\,\text{m}$；$\omega_1 = 2\pi\,\text{rad/s}$；$\omega_2 = 1.5\pi\,\text{rad/s}$；$\omega_3 = 3\pi\,\text{rad/s}$。弹性梁 OD 的参数如下：梁的长度 $l = 0.9\text{m}$，横截面积 $A = 3.18\times10^{-5}\,\text{m}^2$，截面惯性矩 $I = 2.65\times10^{-12}\,\text{m}^4$，密度 $\rho = 7.866\times10^3\,\text{kg/m}^3$，弹性模量 $E = 2.01\times10^{11}\,\text{N/m}^2$。梁的初始状态为 $v(x,0) = \dot{v}(x,0) = 0$，试确定梁的自由端 D 的横向运动响应 $v(l,t)$。

选定梁的假设模态函数的个数 $n = 2$，应用 9.2 节中的算法，可以求得该梁自由端 D 的横向运动响应，如图 9.4.1 所示。

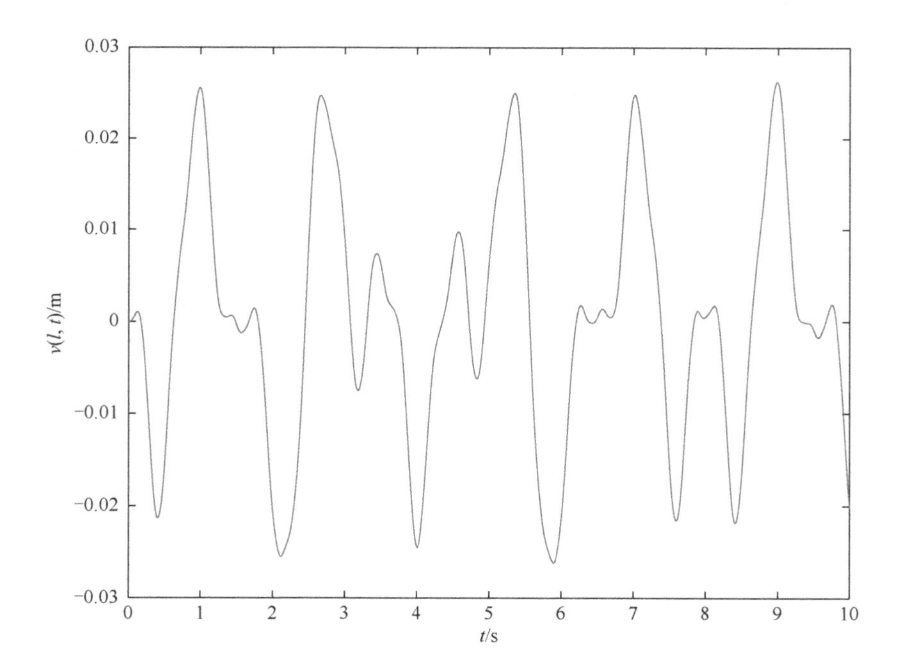

图 9.4.1　梁的自由端的横向运动响应（算例 2）

9.5　重力场中转动机械臂的动力学分析实例

在重力场中位于铅直面内的一根等截面弹性悬臂梁的一端固连于刚性均质旋转轮上，如图 9.5.1 所示，旋转轮的半径 $r = 0.04\text{m}$，质量 $m = 1.2573\,\text{kg}$，梁的长度 $l = 0.8\text{m}$，横截面积 $A = 3.18\times10^{-5}\text{m}^2$，截面惯性矩 $I = 2.65\times10^{-12}\text{m}^4$，密度 $\rho = 7.866\times10^3\text{kg/m}^3$，弹性模量 $E = 2.01\times10^{11}\text{N/m}^2$，重力加速度 $g = 9.8\text{m/s}^2$。坐标系 O_0XY 与机座固连，坐标系 Oxy 与旋转轮固连（其中轴 x 与未变形的弹性梁的中轴线重合），系统的初始状态为 $\phi(0) = \dfrac{\pi}{6}$，$\dot{\phi}(0) = 0$，$v(x,0) = \dot{v}(x,0) = 0$。试确定旋转轮的转动规律和梁的自由端 D 的横向运动响应 $v(l,t)$。

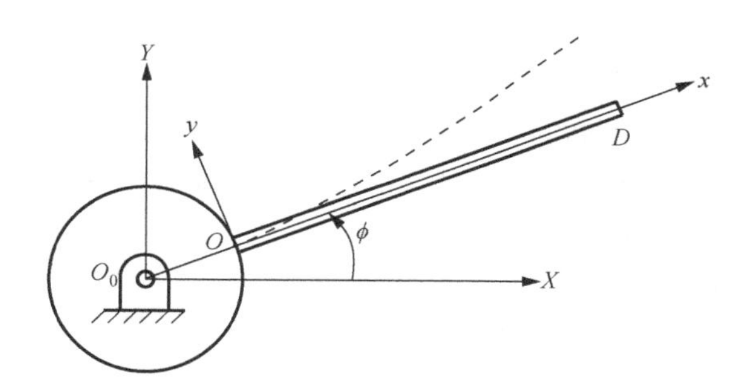

图 9.5.1　一端固连于刚性旋转轮上的弹性悬臂梁

仿照 9.1 节中的建模方法，可以推导出弹性梁相对于刚性旋转轮的弹性运动（弯曲运动）偏微分方程为

$$EI\frac{\partial^4 v}{\partial x^4} + \rho A\left\{\frac{\partial^2 v}{\partial t^2} + \ddot{\phi}(r+x) - \dot{\phi}^2 v + \frac{1}{2}(l-x)[2g\sin\phi - \dot{\phi}^2(2r+l+x)]\frac{\partial^2 v}{\partial x^2}\right.$$
$$\left. -[g\sin\phi - \dot{\phi}^2(r+r)]\frac{\partial v}{\partial x} + g\cos\phi\right\} = 0 \tag{9.5.1}$$

以刚性旋转轮为研究对象，其受力如图 9.5.2 所示。图 9.5.2 中，R_X 和 R_Y 分别表示轴承 O_0 的约束力沿 X 轴和 Y 轴的正交分量，N_O、Q_O 和 M_O 分别表示梁根部处的轴力、剪力和弯矩。

对刚性旋转轮应用刚体的定轴转动微分方程，有

$$\frac{1}{2}mr^2\ddot{\phi} = M_O - Q_O r \tag{9.5.2}$$

梁根部处的弯矩和剪力可分别表达为

$$M_O = EIv''(0,t) \tag{9.5.3}$$

和

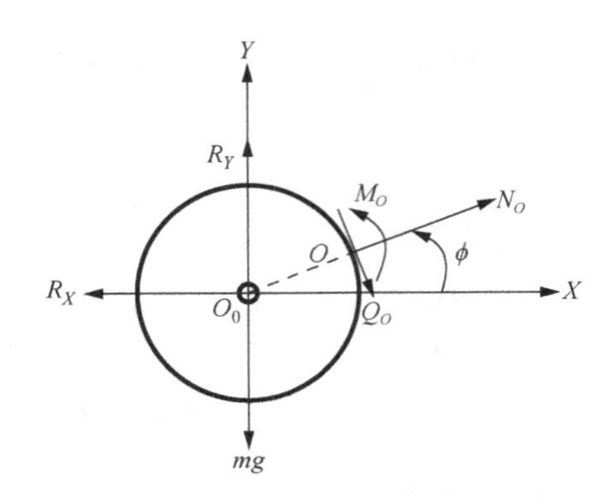

图 9.5.2　刚性旋转轮的受力图

$$Q_O = EIv'''(0,t) \tag{9.5.4}$$

将式（9.5.3）和式（9.5.4）代入式（9.5.2），得到

$$mr^2\ddot{\phi} = 2EI[v''(0,t) - rv'''(0,t)] \tag{9.5.5}$$

将方程（9.5.5）和方程（9.5.1）联立，形成如下的偏微分方程组：

$$\begin{cases} mr^2\ddot{\phi} = 2EI[v''(0,t) - rv'''(0,t)] & (9.5.6\text{a}) \\ EI\dfrac{\partial^4 v}{\partial x^4} + \rho A\left\{\dfrac{\partial^2 v}{\partial t^2} + \ddot{\phi}(r+x) - \dot{\phi}^2 v + \dfrac{1}{2}(l-x)[2g\sin\phi - \dot{\phi}^2(2r+l+x)]\dfrac{\partial^2 v}{\partial x^2}\right. \\ \left. -[g\sin\phi - \dot{\phi}^2(r+r)]\dfrac{\partial v}{\partial x} + g\cos\phi\right\} = 0 & (9.5.6\text{b}) \end{cases}$$

与该方程组相配套的边界条件为

$$v(0,t) = 0\,,\quad v'(0,t) = 0\,,\quad v''(l,t) = 0\,,\quad v'''(l,t) = 0 \tag{9.5.7}$$

方程组（9.5.6）属于非线性偏微分方程组，要求得其精确的解析解十分困难，下面采用假设模态法寻求该方程组满足边界条件（9.5.7）的近似解。根据假设模态法[9]，可以将 $v(x,t)$ 表达为

$$v(x,t) = \sum_{i=1}^{n} \psi_i(x)\, q_i(t) \tag{9.5.8}$$

式中，$\psi_i(x)$ 和 $q_i(t)$ 分别为梁弯曲振动的假设模态函数和相应的广义坐标；n 为所选取的假设模态函数的个数。这里 $\psi_i(x)$ 按照式（9.2.2）选取。

将式（9.5.8）代入方程（9.5.6a），得到

$$mr^2\ddot{\phi} = 2EI\sum_{i=1}^{n}[\psi_i''(0) - r\psi_i'''(0)]q_i(t) \tag{9.5.9}$$

将式（9.5.8）代入方程（9.5.6b）并在方程的两边同乘以 $\psi_j(x)$ $(j = 1,2,\cdots,n)$，然后沿梁长取定积分（积分时考虑模态函数的正交性），得到

$$\rho A a_j \ddot{q}_j(t) + (EIb_j - \dot{\phi}^2 \rho A a_j) q_j(t) + \rho A \left\{ \ddot{\phi}(rc_j + d_j) + \sum_{i=1}^{n} [(g\sin\phi - r\dot{\phi}^2) F_{ji} \right.$$

$$\left. + \dot{\phi}^2 S_{ji}] q_i(t) + gc_j \cos\phi \right\} = 0 \quad (j = 1, 2, \cdots, n) \tag{9.5.10}$$

式中，a_j、b_j、c_j、d_j、F_{ji} 和 S_{ji} $(j, i = 1, 2, \cdots, n)$ 的表达式分别见式（9.2.6）～式（9.2.11）。

将方程（9.5.9）和方程（9.5.10）联立，形成如下的常微分方程组：

$$\begin{cases} mr^2 \ddot{\phi} = 2EI \sum_{i=1}^{n} [\psi_i''(0) - r\psi_i'''(0)] q_i(t) & (9.5.11\text{a}) \\ \rho A a_j \ddot{q}_j(t) + (EIb_j - \dot{\phi}^2 \rho A a_j) q_j(t) + \rho A \left\{ \ddot{\phi}(rc_j + d_j) + \sum_{i=1}^{n} [(g\sin\phi - r\dot{\phi}^2) F_{ji} \right. & \\ \left. + \dot{\phi}^2 S_{ji}] q_i(t) + gc_j \cos\phi \right\} = 0 \quad (j = 1, 2, \cdots, n) & (9.5.11\text{b}) \end{cases}$$

初值 $\phi(0)$ 和 $\dot{\phi}(0)$ 已给定，初值 $q_j(0)$ 和 $\dot{q}_j(0)$ $(j = 1, 2, \cdots, n)$ 可分别由式（9.2.12）和式（9.2.13）来确定。在上述初值被确定后，再应用 Matlab ode45 solver[3]求常微分方程组（9.5.11）初值问题的数值解，即可获得 $\phi(t)$ 和 $q_j(t)$ $(j = 1, 2, \cdots, n)$ 对应于不同时刻的数值，在此基础上，应用式（9.5.8）即可求得梁的弹性运动（弯曲运动）响应。本算例取梁的假设模态函数的个数 $n = 2$，应用上述算法，求得旋转轮的转动规律和弹性梁自由端的横向运动响应分别如图 9.5.3 和图 9.5.4 所示。

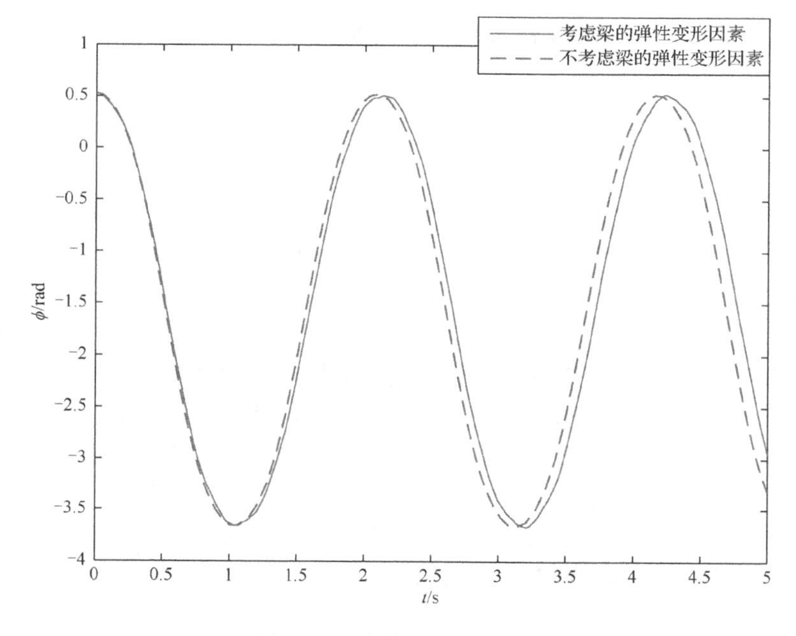

图 9.5.3　旋转轮的转动规律

其中图 9.5.3 中的实线表示考虑梁的弹性变形因素的情况下所得到的旋转轮的转动规律；虚线表示把梁看作刚体（不考虑梁的弹性变形因素）的情况下所得到的旋转轮的转动规律。

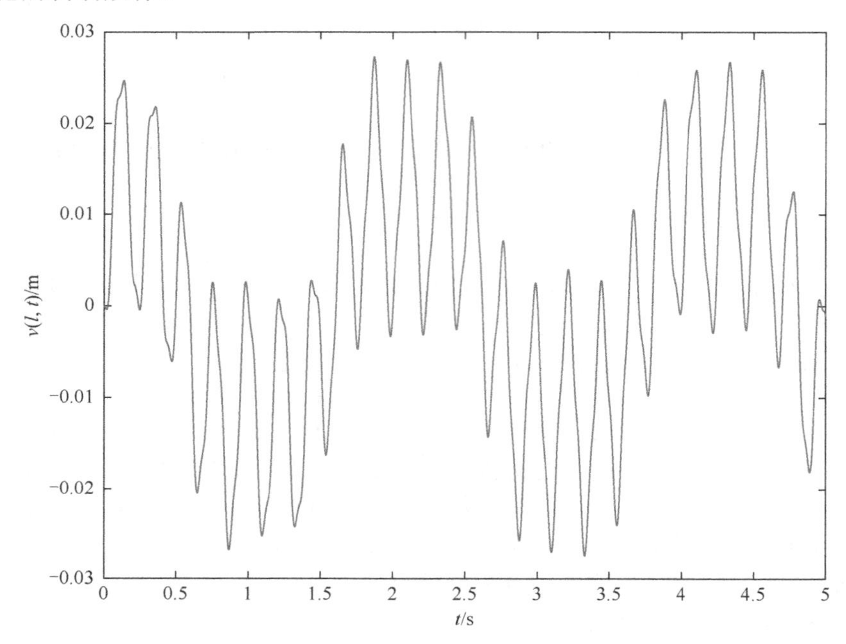

图 9.5.4　弹性梁自由端的横向运动响应

9.6　带弹性鞭状天线的航天器姿态动力学建模实例

带弹性附件的航天器一般是指由刚性主体和弹性附件所组成的航天器。这类航天器的姿态测量和控制执行机构一般安装在刚性主体上，而且刚性主体的质量远大于弹性附件的质量[14]。航天器上的弹性附件主要包括柔度较大的细长天线和大跨度的太阳能帆板等构件，由于这类构件容易发生弹性变形，经典刚体动力学模型不再适合于描述这种带有弹性附件的航天器的动力学特性。另外，现代航天器对姿态定向精度的要求越来越高，而弹性附件的变形运动又会影响航天器的姿态稳定性和定向精度，因此，建立更为精准的动力学模型来描述此类航天器的姿态运动和弹性附件的变形运动是完全必要的。

某在轨运行的航天器由刚性主体和一根弹性鞭状天线构成，如图 9.6.1 所示，天线的一端与刚性主体相固连。下面以该航天器为例，说明如何建立带弹性附件的航天器的姿态动力学模型。

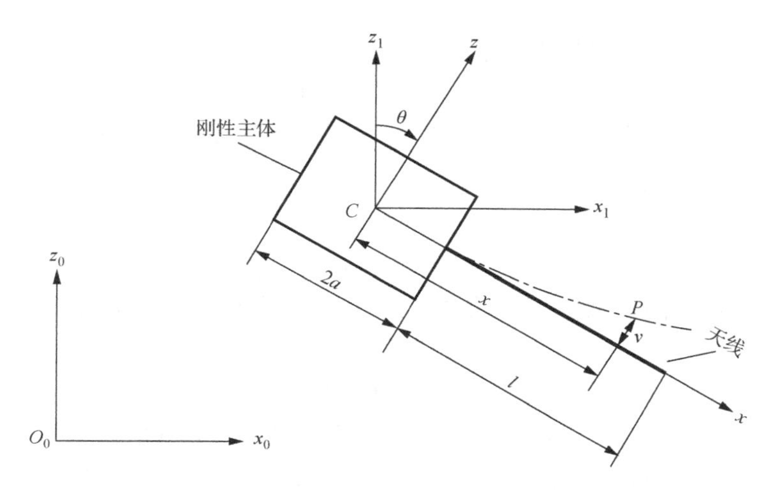

图 9.6.1　带弹性鞭状天线的航天器

如图 9.6.1 所示，坐标系 $O_0x_0y_0z_0$ 是以地心为原点的惯性参考系，其中坐标平面 $x_0O_0z_0$ 为航天器运动的轨道平面，点 C 为航天器刚性主体的质心，坐标系 $Cx_1y_1z_1$ 是相对于惯性参考系 $O_0x_0y_0z_0$ 作平移运动的坐标系，且坐标轴 x_1、y_1 和 z_1 的正向分别与坐标轴 x_0、y_0 和 z_0 的正向相同。坐标系 $Cxyz$ 是与刚性主体固连的坐标系，其中坐标轴 x 与天线未变形时的轴线重合，坐标轴 y 的正向与坐标轴 y_1 的正向相同，并且为刚性主体的自旋轴。用符号 v 表示天线的挠度。

假定航天器的轨道运动已知，下面建立该航天器的姿态动力学模型。

首先取刚性主体为研究对象，其受力如图 9.6.2 所示。图 9.6.2 中 $\boldsymbol{F}$ 为刚性主体所受的地球引力，τ 为作用在刚性主体上的控制力矩，$\boldsymbol{N}_1$、$\boldsymbol{Q}_1$ 和 M_1 分别为天线根部作用于刚性主体上的轴力、剪力和弯矩。

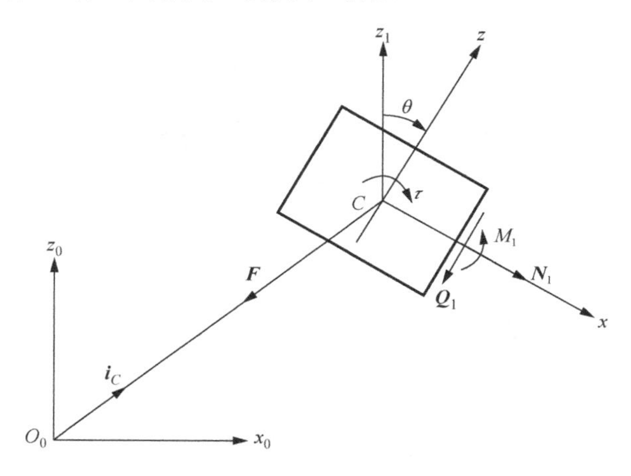

图 9.6.2　刚性主体的受力图

对刚性主体，应用刚体的平面运动微分方程，有

$$J_y\ddot{\theta} = \tau + Q_1 a - M_1 \tag{9.6.1}$$

式中，J_y 表示刚性主体对 y 轴的转动惯量；θ 表示 z 轴相对 z_1 轴的转角(图 9.6.2)。

天线根部作用于刚性主体上的弯矩和剪力可分别表达为

$$M_1 = EIv''(a,t) \tag{9.6.2}$$

$$Q_1 = EIv'''(a,t) \tag{9.6.3}$$

式中，EI 为天线的抗弯刚度。将式（9.6.2）和式（9.6.3）代入方程（9.6.1），得到

$$J_y\ddot{\theta} = \tau + EI[av'''(a,t) - v''(a,t)] \tag{9.6.4}$$

方程（9.6.4）就是刚性主体的角运动微分方程，或者说是该航天器的姿态运动微分方程。该方程中除了含有姿态运动变量外，还含有关天线弯曲变形的变量。下面建立描述天线弯曲变形运动的微分方程。在天线上任意截取一微段 $\mathrm{d}x$，该微段在任意时刻的受力如图 9.6.3 所示，图中 N、Q 和 M 分别为该微段左端面承受的轴力、剪力和弯矩，F_1 为该微段所受的地球引力，点 C_1 为微段的质心，点 P 是微段左端面的形心。对该微段应用质心运动定理的投影形式，有

$$\begin{aligned}(\rho A\mathrm{d}x)a_{C_1z} = &-N\sin\varphi + Q\cos\varphi + \left(N + \frac{\partial N}{\partial x}\mathrm{d}x\right)\sin\left(\varphi + \frac{\partial \varphi}{\partial x}\mathrm{d}x\right)\\ &-\left(Q + \frac{\partial Q}{\partial x}\mathrm{d}x\right)\cos\left(\varphi + \frac{\partial \varphi}{\partial x}\mathrm{d}x\right) + \boldsymbol{F}_1\cdot\boldsymbol{k}\end{aligned} \tag{9.6.5}$$

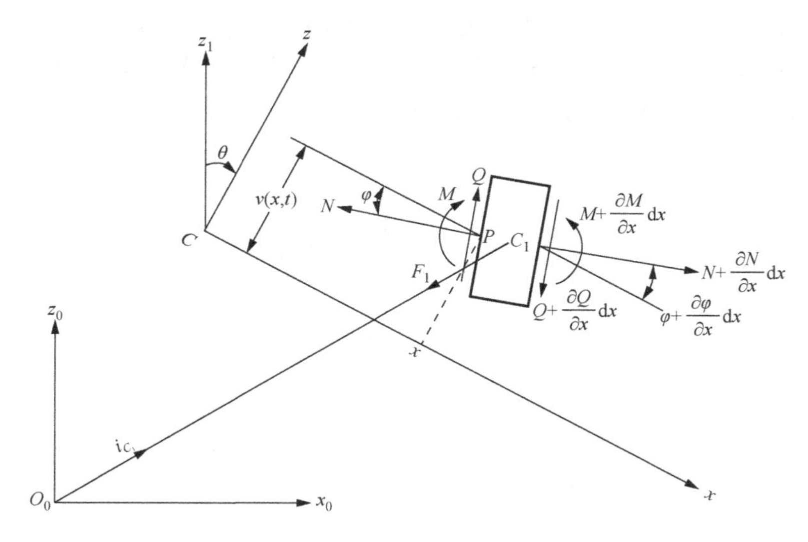

图 9.6.3　天线微段的受力图

式中，ρ 和 A 分别表示天线的密度和横截面积；a_{C_1z} 为微段质心 C_1 的绝对加速度 $\boldsymbol{a}_{C_1}$ 在 z 轴上的投影；φ 为天线弯曲变形所导致的微段左端面的弹性转角；$\boldsymbol{k}$ 为沿 z 轴正向的单位矢量。

考虑到点 C_1 和点 P 几乎重合（因为天线微段 $\mathrm{d}x$ 无限小），这两点的绝对加速度几乎相等，即有 $\boldsymbol{a}_{C_1}=\boldsymbol{a}_P$，进而有

$$a_{C_1z}=a_{Pz}=\boldsymbol{a}_P\cdot\boldsymbol{k} \tag{9.6.6}$$

式中，a_{Pz} 为点 P 的绝对加速度 $\boldsymbol{a}_P$ 在 z 轴上的投影；$\boldsymbol{k}$ 表示沿轴 z 正向的单位矢量。

点 P 的绝对加速度可以表达为

$$\boldsymbol{a}_P=\ddot{x}_P\boldsymbol{i}_0+\ddot{z}_P\boldsymbol{k}_0 \tag{9.6.7}$$

式中，x_P 和 z_P 分别为点 P 在惯性参考系 $O_0x_0z_0$ 中的横坐标和立坐标；$\boldsymbol{i}_0$ 和 $\boldsymbol{k}_0$ 分别为沿 x_0 轴和 z_0 轴正向的单位矢量。将式（9.6.7）代入式（9.6.6），得到

$$a_{C_1z}=(\ddot{x}_P\boldsymbol{i}_0+\ddot{z}_P\boldsymbol{k}_0)\cdot\boldsymbol{k}=\ddot{x}_P\sin\theta+\ddot{z}_P\cos\theta \tag{9.6.8}$$

根据图 9.6.3 所示的几何关系，容易写出

$$x_P=x_C+x\cos\theta+v\sin\theta \tag{9.6.9}$$

$$z_P=z_C-x\sin\theta+v\cos\theta \tag{9.6.10}$$

式中，x_C 和 z_C 分别表示刚性主体的质心 C 在惯性参考系 $O_0x_0z_0$ 中的横坐标和立坐标。将式（9.6.9）和式（9.6.10）代入式（9.6.8），得到

$$a_{C_1z}=\ddot{x}_C\sin\theta+\ddot{z}_C\cos\theta-\ddot{\theta}x+\ddot{v}(x,t)-\dot{\theta}^2v(x,t) \tag{9.6.11}$$

下面考察微段的重力 $\boldsymbol{F}_1$，根据万有引力定律，可以写出 $\boldsymbol{F}_1$ 在坐标系 $O_0x_0y_0z_0$ 中的投影列阵为

$$\{F_1\}_0=-\frac{\mu\rho A\mathrm{d}x}{R_{C_1}^2}\{i_{C_1}\}_0 \tag{9.6.12}$$

式中，$\mu=Gm_{\mathrm{e}}=3.986\times10^{14}\,\mathrm{N\cdot m^2/kg}$，$G$ 为万有引力常量，m_{e} 为地球质量；R_{C_1} 表示地心 O_0 至微段质心 C_1 的距离；$\{i_{C_1}\}_0$ 表示由点 O_0 指向点 C_1 的单位矢量 $\boldsymbol{i}_{C_1}$ 在坐标系 $O_0x_0y_0z_0$ 中的投影列阵。由于地心至航天器质心的距离远远大于航天器的自身尺寸，因此，有

$$1/R_{C_1}^2\approx1/R_C^2,\qquad \{i_{C_1}\}_0\approx\{i_C\}_0 \tag{9.6.13}$$

式中，R_C 表示地心 O_0 至刚性主体质心 C 的距离；$\{i_C\}_0$ 表示由点 O_0 指向点 C 的单位矢量 $\boldsymbol{i}_C$ 在坐标系 $O_0x_0y_0z_0$ 中的投影列阵。将式（9.6.13）代入式（9.6.12），得到

$$\{F_1\}_0=-\frac{\mu\rho A\mathrm{d}x}{R_C^2}\{i_C\}_0 \tag{9.6.14}$$

这样 $\boldsymbol{F}_1\cdot\boldsymbol{k}$ 可以表达为

$$\boldsymbol{F}_1 \cdot \boldsymbol{k} = -\frac{\mu\rho A \mathrm{d}x}{R_C^2}\{k\}_0^{\mathrm{T}}\{i_C\}_0 \tag{9.6.15}$$

式中，$\{k\}_0$ 表示单位矢量 $\boldsymbol{k}$ 在坐标系 $O_0x_0y_0z_0$ 中的投影列阵。容易写出列阵 $\{k\}_0$ 和 $\{i_C\}_0$ 的表达式分别为

$$\{k\}_0 = \begin{Bmatrix} \sin\theta \\ 0 \\ \cos\theta \end{Bmatrix} \tag{9.6.16}$$

和

$$\{i_C\}_0 = \frac{1}{R_C}\begin{Bmatrix} x_C \\ 0 \\ z_C \end{Bmatrix} \tag{9.6.17}$$

将式（9.6.16）和式（9.6.17）代入式（9.6.15），得到

$$\boldsymbol{F}_1 \cdot \boldsymbol{k} = -\frac{\mu\rho A(x_C \sin\theta + z_C \cos\theta)\mathrm{d}x}{R_C^3} \tag{9.6.18}$$

下面考察微段左端面承受的弯矩 M 和剪力 $\boldsymbol{Q}$（图 9.6.3）。根据伯努利-欧拉方程，有

$$M = EIv''(x,t) \tag{9.6.19}$$

这样剪力 Q 可表达为

$$Q = \frac{\partial M}{\partial x} = EIv'''(x,t) \tag{9.6.20}$$

在天线的小变形情形下，其横截面的弹性转角 φ（图 9.6.3）为小量，故有

$$\sin\varphi \approx \varphi \tag{9.6.21a}$$

$$\cos\varphi \approx 1 \tag{9.6.21b}$$

$$\sin\left(\varphi + \frac{\partial\varphi}{\partial x}\mathrm{d}x\right) \approx \varphi + \frac{\partial\varphi}{\partial x}\mathrm{d}x \tag{9.6.21c}$$

$$\cos\left(\varphi + \frac{\partial\varphi}{\partial x}\mathrm{d}x\right) \approx 1 \tag{9.6.21d}$$

$$\varphi = v'(x,t) \tag{9.6.22}$$

将式（9.6.11）、式（9.6.18）、式（9.6.20）和式（9.6.21）代入方程（9.6.5）后，略去 $\mathrm{d}x$ 的二阶微量项，化简得到

$$\begin{aligned}&\rho A[\ddot{x}_C \sin\theta + \ddot{z}_C \cos\theta - \ddot{\theta}x + \ddot{v}(x,t) - \dot{\theta}^2 v(x,t)] \\ &= -EIv^{(4)}(x,t) + \frac{\partial(N\varphi)}{\partial x} - \frac{\mu\rho A(x_C \sin\theta + z_C \cos\theta)}{R_C^3}\end{aligned} \tag{9.6.23}$$

式中，$\dfrac{\partial(N\varphi)}{\partial x}$ 体现了天线的轴向内力 N 对于天线的弯曲变形运动所产生的影响。

在天线的小变形情形下，有

$$N \approx \bar{N} \tag{9.6.24}$$

式中，$\bar{N}$ 表示将天线看作刚性直梁时坐标为 x 处的梁的横截面上的轴力。当把天线看作刚性直梁时，取坐标为 x 处的横截面到自由端的这一段刚性截断梁为研究对象，该段梁的受力如图 9.6.4 所示，图中 $\bar{\boldsymbol{Q}}$ 和 $\bar{M}$ 分别为该段梁的左端面承受的剪力和弯矩，$\boldsymbol{F}_2$ 为该段梁所受的地球引力，点 C_2 为该段梁的质心。对该段梁应用质心运动定理的投影形式，有

$$\rho A(a+l-x)a_{C_2x} = -\bar{N} + \boldsymbol{F}_2 \cdot \boldsymbol{i} \tag{9.6.25}$$

式中，a_{C_2x} 为点 C_2 的绝对加速度 $\boldsymbol{a}_{C_2}$ 在 x 轴上的投影；$\boldsymbol{i}$ 为沿 x 轴正向的单位矢量。

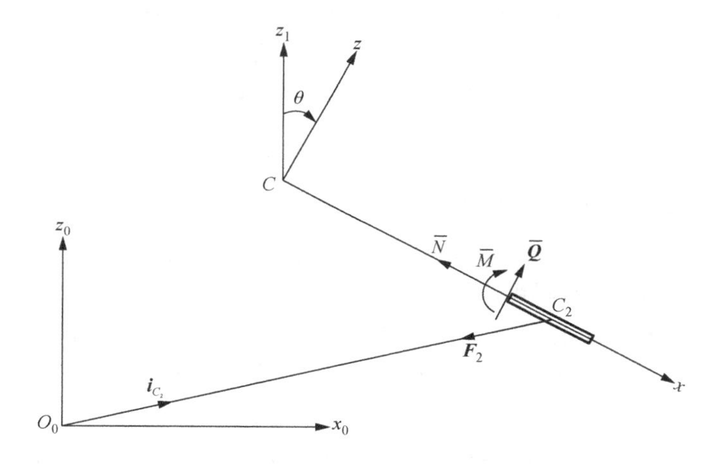

图 9.6.4　刚体梁段的受力图

通过运动学分析，容易写出

$$a_{C_2x} = \ddot{x}_C\cos\theta - \ddot{z}_C\sin\theta - \frac{x+l+a}{2}\dot{\theta}^2 \tag{9.6.26}$$

仿照式（9.6.18）的推导，可以推出

$$\boldsymbol{F}_2 \cdot \boldsymbol{i} = -\frac{\mu\rho Al(x_C\cos\theta - z_C\sin\theta)}{R_C^3} \tag{9.6.27}$$

将式（9.6.26）和式（9.6.27）代入式（9.6.25），解得

$$\bar{N} = -\rho A(a+l-x)\left(\ddot{x}_C\cos\theta - \ddot{z}_C\sin\theta - \frac{x+l+a}{2}\dot{\theta}^2\right) - \frac{\mu\rho Al(x_C\cos\theta - z_C\sin\theta)}{R_C^3} \tag{9.6.28}$$

将式（9.6.28）代入式（9.6.24）后得到的公式和式（9.6.22）代入方程（9.6.23）中，化简后，得到

$$\ddot{v}(x,t)-\ddot{\theta}x-\dot{\theta}^2 v(x,t)+\frac{EI}{\rho A}v^{(4)}(x,t)+\left[(a+l-x)\left(\ddot{x}_C\cos\theta-\ddot{z}_C\sin\theta-\frac{x+l+a}{2}\dot{\theta}^2\right)+\frac{\mu l}{R_C^3}(x_C\cos\theta-z_C\sin\theta)\right]v''(x,t)-(\ddot{x}_C\cos\theta-\ddot{z}_C\sin\theta-x\dot{\theta}^2)v'(x,t)=-\left(\frac{\mu}{R_C^3}x_C+\ddot{x}_C\right)\sin\theta-\left(\frac{\mu}{R_C^3}z_C+\ddot{z}_C\right)\cos\theta \tag{9.6.29}$$

方程（9.6.29）就是天线的弯曲运动偏微分方程，与之配套的边界条件为

$$v(a,t)=0,\quad v'(a,t)=0,\quad v''(a+l,t)=0,\quad v'''(a+l,t)=0 \tag{9.6.30}$$

将方程（9.6.4）、方程（9.6.29）和边界条件（9.6.30）联立，即形成了描述航天器姿态运动和天线弯曲变形运动耦合的动力学模型。该模型属于非线性连续系统，为了便于求解，下面采用假设模态法进行离散化处理。

根据假设模态法，可以将天线的挠度 $v(x,t)$ 表达为

$$v(x,t)=\sum_{i=1}^{n}Y_i(x)q_i(t) \tag{9.6.31}$$

式中，$Y_i(x)$ 为天线的假设模态函数；$q_i(t)$ 为相应的模态坐标；n 为截取的假设模态函数的个数。这里选取等截面悬臂梁弯曲振动的模态函数[10]作为天线的假设模态函数 $Y_i(x)$，这样 $Y_i(x)$ 就可表达为

$$Y_i(x)=\cos[\beta_i(x-a)]-\cosh[\beta_i(x-a)]+\gamma_i\{\sin[\beta_i(x-a)]-\sinh[\beta_i(x-a)]\}\qquad(i=1,2,\cdots,n) \tag{9.6.32}$$

式中

$$\beta_1 l=1.875,\quad \beta_2 l=4.694,\quad \beta_i l\approx(i-0.5)\pi\qquad(i=3,4,\cdots,n) \tag{9.6.33a}$$

$$\gamma_i=-\frac{\cos\beta_i l+\cosh\beta_i l}{\sin\beta_i l+\sinh\beta_i l}\qquad(i=1,2,\cdots,n) \tag{9.6.33b}$$

将式（9.6.31）代入方程（9.6.4），得到

$$J_y\ddot{\theta}=\tau+2EI\sum_{i=1}^{n}\beta_i^2(1-a\beta_i\gamma_i)q_i \tag{9.6.34}$$

将式（9.6.31）代入方程（9.6.29）后，在方程的两边同乘以 $Y_k(x)(k=1,2,\cdots,n)$，然后沿天线长取定积分（积分时考虑模态函数的正交性），得到

$$b_k\ddot{q}_k-c_k\ddot{\theta}-\dot{\theta}^2 b_k q_k+\frac{EI}{\rho A}f_k q_k+\sum_{i=1}^{n}\left\{\left[(a+l)\left(\ddot{x}_C\cos\theta-\ddot{z}_C\sin\theta-\frac{a+l}{2}\dot{\theta}^2\right)+\frac{\mu l}{R_C^3}(x_C\cos\theta-z_C\sin\theta)\right]h_{ki}-(\ddot{x}_C\cos\theta-\ddot{z}_C\sin\theta)(r_{ki}+u_{ki})+\frac{1}{2}\dot{\theta}^2(w_{ki}+2s_{ki})\right\}q_i+g_k\left[\left(\frac{\mu}{R_C^3}x_C+\ddot{x}_C\right)\sin\theta+\left(\frac{\mu}{R_C^3}z_C+\ddot{z}_C\right)\cos\theta\right]=0\qquad(k=1,2,\cdots,n) \tag{9.6.35}$$

式中，$b_k=\int_a^{a+l}[Y_{1k}(x)]^2\mathrm{d}x$；$c_k=\int_a^{a+l}xY_{1k}(x)\mathrm{d}x$；$f_k=\int_a^{a+l}Y_{1k}(x)Y_{1k}^{(4)}(x)\mathrm{d}x$；$g_k=\int_a^{a+l}Y_{1k}(x)\mathrm{d}x$；$h_{ki}=\int_a^{a+l}Y_{1k}(x)Y_{1i}''(x)\mathrm{d}x$；$r_{ki}=\int_a^{a+l}Y_{1k}(x)Y_{1i}'(x)\mathrm{d}x$；$s_{ki}=\int_a^{a+l}xY_{1k}(x)\cdot Y_{1i}'(x)\mathrm{d}x$；$u_{ki}=\int_a^{a+l}xY_{1k}(x)Y_{1i}''(x)\mathrm{d}x$；$w_{ki}=\int_a^{a+l}x^2Y_k(x)Y_i''(x)\mathrm{d}x$。

将方程（9.6.34）和方程组（9.6.35）联立，即形成了描述航天器姿态运动和天线弯曲变形运动耦合的动力学模型，该模型是以时间为自变量、以航天器的姿态角和天线的模态坐标为因变量的二阶非线性常微分方程组。在给定初始条件下，应用合适的数值方法（如四阶龙格-库塔法）可以求出该微分方程组的数值解，进而确定航天器的姿态运动规律和天线的弯曲变形运动规律。

第10章　具有大范围平面运动的铰接弹性梁的动力学建模及其计算

本章介绍具有大范围平面运动的铰接弹性梁的动力学建模和计算的有关内容。

10.1　具有大范围平面运动的铰接弹性梁的动力学建模

一根长度为l的等截面弹性梁OD（变形前为一直梁）的一端O铰接于刚性基座B，如图10.1.1所示，该基座在固定坐标平面$O_0x_0y_0$内运动，此运动又诱发弹性梁OD相对基座B发生运动。

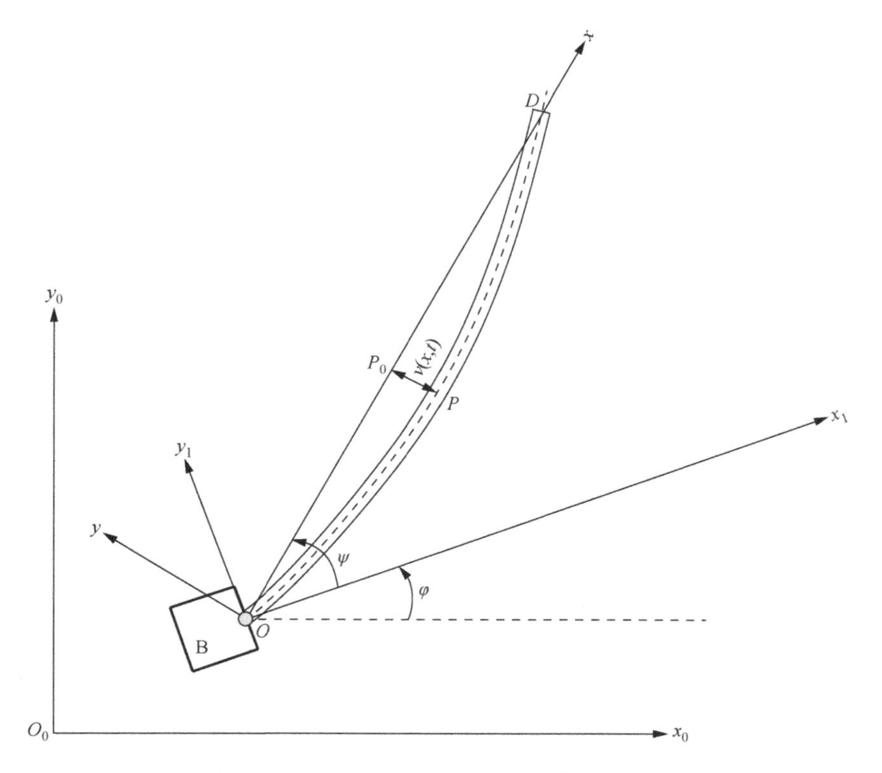

图10.1.1　具有大范围平面运动的铰接弹性梁

下面建立弹性梁 OD 相对基座 B 的运动微分方程。在坐标平面 $O_0x_0y_0$ 内建立与基座 B 固连的坐标系 Ox_1y_1，另外在坐标平面 $O_0x_0y_0$ 内建立弹性梁 OD 的浮动坐标系 Oxy，其中轴 x 通过 O、D 两点。图 10.1.1 中 $v(x,t)$ 表示梁的中轴线上坐标为 x 的点 P_0 所发生的横向弹性位移，ψ 表示轴 x 相对轴 x_1 的倾角。这样弹性梁 OD 相对基座 B 的运动可由参数 $\psi(t)$ 和 $v(x,t)$ 联合描述，而基座 B 在固定坐标平面 $O_0x_0y_0$ 内的运动规律可由其运动方程表示为

$$\begin{cases} x_0 = x_0(t) \\ y_0 = y_0(t) \\ \varphi = \varphi(t) \end{cases} \tag{10.1.1}$$

式中，x_0 和 y_0 分别表示点 O 在固定坐标系 $O_0x_0y_0$ 中的横坐标和纵坐标；φ 表示轴 x_1 相对轴 x_0 的倾角。

为了建立弹性梁 OD 相对基座 B 的运动微分方程，在梁 OD 上任意截取一微段 dx 为研究对象，此微段在任意时刻的受力如图 10.1.2 所示，图中 N、Q 和 M 分别为作用在梁微段左端面的轴力、剪力和弯矩，θ 为梁微段左端面的转角，点 P 为该端面的形心。应用牛顿第二定律，可以写出该微段沿 y 轴方向的运动微分方程为

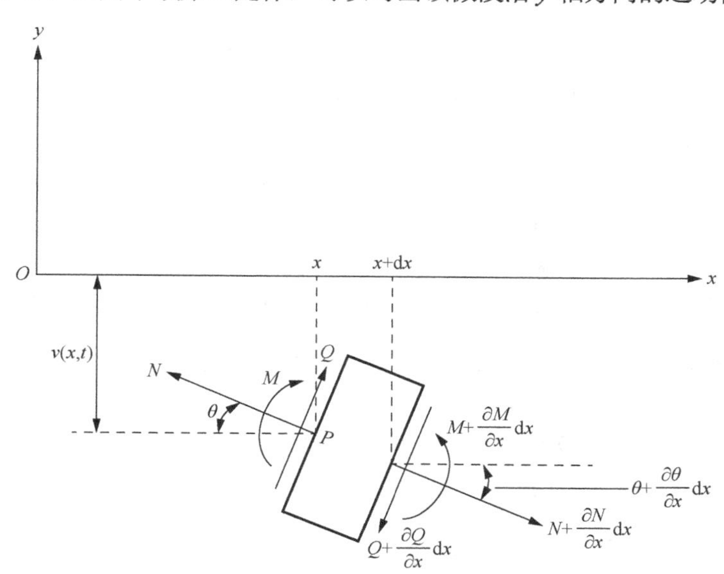

图 10.1.2　具有大范围平面运动的铰接弹性梁的梁微段受力图

$$\begin{aligned}(\rho A\mathrm{d}x)a_{Py} = &-N\sin\theta + Q\cos\theta + \left(N+\frac{\partial N}{\partial x}\mathrm{d}x\right)\sin\left(\theta+\frac{\partial\theta}{\partial x}\mathrm{d}x\right) \\ &-\left(Q+\frac{\partial Q}{\partial x}\mathrm{d}x\right)\cos\left(\theta+\frac{\partial\theta}{\partial x}\mathrm{d}x\right)\end{aligned} \tag{10.1.2}$$

式中，ρ 和 A 分别为梁的密度和横截面积；a_{Py} 为点 P 的绝对加速度 $\boldsymbol{a}_P$ 在 y 轴上的投影。根据点的加速度合成定理[14]，有

$$\boldsymbol{a}_P=\boldsymbol{a}_O+\boldsymbol{\varepsilon}\times\boldsymbol{r}+\boldsymbol{\omega}\times(\boldsymbol{\omega}\times\boldsymbol{r})+\frac{\tilde{\mathrm{d}}^2\boldsymbol{r}}{\mathrm{d}t^2}+2\boldsymbol{\omega}\times\frac{\tilde{\mathrm{d}}\boldsymbol{r}}{\mathrm{d}t} \tag{10.1.3}$$

式中，$\boldsymbol{a}_O$ 为点 O 的绝对加速度；$\boldsymbol{\omega}$ 和 $\boldsymbol{\varepsilon}$ 分别为动坐标系 Oxy 相对定坐标系 $O_0x_0y_0$ 的角速度和角加速度；$\boldsymbol{r}$ 为点 P 相对动坐标系 Oxy 的矢径；$\dfrac{\tilde{\mathrm{d}}\boldsymbol{r}}{\mathrm{d}t}$ 和 $\dfrac{\tilde{\mathrm{d}}^2\boldsymbol{r}}{\mathrm{d}t^2}$ 分别表示 $\boldsymbol{r}$ 对时间的一阶和二阶相对导数。上述各量可以分别表达为

$$\boldsymbol{a}_O=\ddot{x}_0\boldsymbol{i}_0+\ddot{y}_0\boldsymbol{j}_0 \tag{10.1.4}$$

$$\boldsymbol{\omega}=(\dot{\varphi}+\dot{\psi})\boldsymbol{k} \tag{10.1.5}$$

$$\boldsymbol{\varepsilon}=(\ddot{\varphi}+\ddot{\psi})\boldsymbol{k} \tag{10.1.6}$$

$$\boldsymbol{r}=x\boldsymbol{i}+v\boldsymbol{j} \tag{10.1.7}$$

$$\frac{\tilde{\mathrm{d}}\boldsymbol{r}}{\mathrm{d}t}=\frac{\partial v}{\partial t}\boldsymbol{j} \tag{10.1.8}$$

$$\frac{\tilde{\mathrm{d}}^2\boldsymbol{r}}{\mathrm{d}t^2}=\frac{\partial^2 v}{\partial t^2}\boldsymbol{j} \tag{10.1.9}$$

式（10.1.4）～式（10.1.9）中的 $\boldsymbol{i}_0$、$\boldsymbol{j}_0$、$\boldsymbol{i}$、$\boldsymbol{j}$ 和 $\boldsymbol{k}$ 分别表示沿坐标轴 x_0、y_0、x、y 和 z 的正向单位矢量。单位矢量 $\boldsymbol{i}_0$ 和 $\boldsymbol{j}_0$ 可用单位矢量 $\boldsymbol{i}$ 和 $\boldsymbol{j}$ 表达为

$$\boldsymbol{i}_0=\boldsymbol{i}\cos(\varphi+\psi)-\boldsymbol{j}\sin(\varphi+\psi) \tag{10.1.10}$$

$$\boldsymbol{j}_0=\boldsymbol{i}\sin(\varphi+\psi)+\boldsymbol{j}\cos(\varphi+\psi) \tag{10.1.11}$$

将式（10.1.10）和式（10.1.11）代入式（10.1.4），得到

$$\boldsymbol{a}_O=[\ddot{x}_0\cos(\varphi+\psi)+\ddot{y}_0\sin(\varphi+\psi)]\boldsymbol{i}+[\ddot{y}_0\cos(\varphi+\psi)-\ddot{x}_0\sin(\varphi+\psi)]\boldsymbol{j} \tag{10.1.12}$$

将式（10.1.12）、式（10.1.5）～式（10.1.9）代入式（10.1.3），得到

$$\begin{aligned}\boldsymbol{a}_P=&\left[\ddot{x}_0\cos(\varphi+\psi)+\ddot{y}_0\sin(\varphi+\psi)-(\ddot{\varphi}+\ddot{\psi})v-(\dot{\varphi}+\dot{\psi})^2x-2(\dot{\varphi}+\dot{\psi})\frac{\partial v}{\partial t}\right]\boldsymbol{i}\\&+\left[\ddot{y}_0\cos(\varphi+\psi)-\ddot{x}_0\sin(\varphi+\psi)+(\ddot{\varphi}+\ddot{\psi})x-(\dot{\varphi}+\dot{\psi})^2v+\frac{\partial^2 v}{\partial t^2}\right]\boldsymbol{j}\end{aligned} \tag{10.1.13}$$

由式（10.1.13）可以看出矢量 $\boldsymbol{a}_P$ 沿 y 轴方向的投影为

$$a_{Py}=\ddot{y}_0\cos(\varphi+\psi)-\ddot{x}_0\sin(\varphi+\psi)+(\ddot{\varphi}+\ddot{\psi})x-(\dot{\varphi}+\dot{\psi})^2v+\frac{\partial^2 v}{\partial t^2} \tag{10.1.14}$$

在梁的小变形情形下，有

$$\sin\theta\approx\theta \tag{10.1.15}$$

$$\cos\theta\approx 1 \tag{10.1.16}$$

$$\sin\left(\theta+\frac{\partial\theta}{\partial x}\mathrm{d}x\right)\approx\theta+\frac{\partial\theta}{\partial x}\mathrm{d}x \tag{10.1.17}$$

$$\cos\left(\theta+\frac{\partial\theta}{\partial x}\mathrm{d}x\right)\approx 1 \tag{10.1.18}$$

$$\theta\approx\frac{\partial v}{\partial x} \tag{10.1.19}$$

将式（10.1.14）～式（10.1.18）代入式（10.1.2），得到

$$\rho A\left[\ddot{y}_0\cos(\varphi+\psi)-\ddot{x}_0\sin(\varphi+\psi)+(\ddot{\varphi}+\ddot{\psi})x-(\dot{\varphi}+\dot{\psi})^2v+\frac{\partial^2 v}{\partial t^2}\right]\mathrm{d}x$$
$$=-\frac{\partial Q}{\partial x}\mathrm{d}x+\theta\cdot\frac{\partial N}{\partial x}\mathrm{d}x+N\cdot\frac{\partial\theta}{\partial x}\mathrm{d}x+\frac{\partial N}{\partial x}\cdot\frac{\partial\theta}{\partial x}\cdot(\mathrm{d}x)^2 \tag{10.1.20}$$

忽略式（10.1.20）中的二阶微量项$\frac{\partial N}{\partial x}\cdot\frac{\partial\theta}{\partial x}\cdot(\mathrm{d}x)^2$，并将该式的两端同除以$\mathrm{d}x$，得到

$$\rho A\left[\ddot{y}_0\cos(\varphi+\psi)-\ddot{x}_0\sin(\varphi+\psi)+(\ddot{\varphi}+\ddot{\psi})x-(\dot{\varphi}+\dot{\psi})^2v+\frac{\partial^2 v}{\partial t^2}\right]$$
$$=-\frac{\partial Q}{\partial x}+\theta\cdot\frac{\partial N}{\partial x}+N\cdot\frac{\partial\theta}{\partial x} \tag{10.1.21}$$

如图 10.1.2 所示，在忽略梁微段转动惯性的情形下（伯努利–欧拉梁假设），有

$$\sum M_P=0 \tag{10.1.22}$$

即

$$-M+\left(M+\frac{\partial M}{\partial x}\mathrm{d}x\right)-\left(Q+\frac{\partial Q}{\partial x}\mathrm{d}x\right)\mathrm{d}x=0 \tag{10.1.23}$$

忽略式（10.1.23）中的二阶微量项，并将该式的两端同除以$\mathrm{d}x$，得到

$$Q=\frac{\partial M}{\partial x} \tag{10.1.24}$$

将伯努利–欧拉公式$M=EI\frac{\partial^2 v}{\partial x^2}$代入式（10.1.24），得到

$$Q=EI\frac{\partial^3 v}{\partial x^3} \tag{10.1.25}$$

将式（10.1.25）代入式（10.1.21），得到

$$\rho A\left[\ddot{y}_0\cos(\varphi+\psi)-\ddot{x}_0\sin(\varphi+\psi)+(\ddot{\varphi}+\ddot{\psi})x-(\dot{\varphi}+\dot{\psi})^2v+\frac{\partial^2 v}{\partial t^2}\right]=-EI\frac{\partial^4 v}{\partial x^4}+\underline{\frac{\partial(N\theta)}{\partial x}} \tag{10.1.26}$$

式（10.1.26）中的画线项体现了轴向力N对于梁弯曲变形运动的影响。在梁的小变形情形下，有

$$N\approx\bar{N} \tag{10.1.27}$$

式中，$\bar{N}$表示将梁看作刚性直梁时，坐标为x处的梁的横截面上的轴力。当把梁看作刚性直梁时，取坐标为x处的横截面到梁的自由端D的这一段截断梁为研究对象，并沿x轴方向应用质心运动定理，可以推得

$$\bar{N} = \rho A(x-l)\left[\ddot{x}_0\cos(\varphi+\psi)+\ddot{y}_0\sin(\varphi+\psi)-(\dot{\varphi}+\dot{\psi})^2\frac{x+l}{2}\right] \tag{10.1.28}$$

将式（10.1.28）代入式（10.1.27），得到

$$N = \rho A(x-l)\left[\ddot{x}_0\cos(\varphi+\psi)+\ddot{y}_0\sin(\varphi+\psi)-(\dot{\varphi}+\dot{\psi})^2\frac{x+l}{2}\right] \tag{10.1.29}$$

将式（10.1.29）和式（10.1.19）代入式（10.1.26），得到

$$\begin{aligned}
&EI\frac{\partial^4 v}{\partial x^4}+\rho A\left\{\frac{\partial^2 v}{\partial t^2}+\ddot{y}_0\cos(\varphi+\psi)-\ddot{x}_0\sin(\varphi+\psi)+(\ddot{\varphi}+\ddot{\psi})x-(\dot{\varphi}+\dot{\psi})^2 v\right.\\
&+(l-x)\left[\ddot{x}_0\cos(\varphi+\psi)+\ddot{y}_0\sin(\varphi+\psi)-(\dot{\varphi}+\dot{\psi})^2\frac{x+l}{2}\right]\frac{\partial^2 v}{\partial x^2}-[\ddot{x}_0\cos(\varphi+\psi)\\
&\left.+\ddot{y}_0\sin(\varphi+\psi)-(\dot{\varphi}+\dot{\psi})^2 x]\frac{\partial v}{\partial x}\right\}=0
\end{aligned} \tag{10.1.30}$$

方程（10.1.30）就是弹性梁 OD 相对于浮动坐标系 Oxy 的弹性运动（弯曲运动）偏微分方程，与该方程相配套的边界条件为

$$v(0,t)=0\,,\qquad v''(0,t)=0\,,\qquad v(l,t)=0\,,\qquad v''(l,t)=0 \tag{10.1.31}$$

弹性梁 OD 相对于动坐标系 Ox_1y_1（即相对于基座B）的大范围运动可以用弹性梁 OD 的浮动坐标系 Oxy 相对于动坐标系 Ox_1y_1 的定轴转动来表征，而该定轴转动又可以被近似地看作刚性直梁 OD（把弹性梁 OD 视作刚性直梁 OD 的情形）相对于动坐标系 Ox_1y_1 的定轴转动。这样建立弹性梁 OD 相对于动坐标系 Ox_1y_1 的大范围运动微分方程就可以转化为建立刚性直梁 OD 相对于动坐标系 Ox_1y_1 的定轴转动微分方程来实现。应用刚体的平面运动微分方程容易推出刚性直梁 OD 相对于动坐标系 Ox_1y_1 的定轴转动微分方程（关于角 ψ 的微分方程）为

$$2l(\ddot{\varphi}+\ddot{\psi})+3[\ddot{y}_0\cos(\varphi+\psi)-\ddot{x}_0\sin(\varphi+\psi)]=0 \tag{10.1.32}$$

这就是弹性梁 OD 相对于动坐标系 Ox_1y_1 的大范围运动微分方程。

将常微分方程（10.1.32）、偏微分方程（10.1.30）和边界条件（10.1.31）联立：

$$\left\{\begin{aligned}
&2l(\ddot{\varphi}+\ddot{\psi})+3[\ddot{y}_0\cos(\varphi+\psi)-\ddot{x}_0\sin(\varphi+\psi)]=0 && (10.1.33\text{a})\\
&EI\frac{\partial^4 v}{\partial x^4}+\rho A\left\{\frac{\partial^2 v}{\partial t^2}+\ddot{y}_0\cos(\varphi+\psi)-\ddot{x}_0\sin(\varphi+\psi)+(\ddot{\varphi}+\ddot{\psi})x-(\dot{\varphi}+\dot{\psi})^2 v\right.\\
&+(l-x)\left[\ddot{x}_0\cos(\varphi+\psi)+\ddot{y}_0\sin(\varphi+\psi)-(\dot{\varphi}+\dot{\psi})^2\frac{x+l}{2}\right]\frac{\partial^2 v}{\partial x^2}\\
&\left.-[\ddot{x}_0\cos(\varphi+\psi)+\ddot{y}_0\sin(\varphi+\psi)-(\dot{\varphi}+\dot{\psi})^2 x]\frac{\partial v}{\partial x}\right\}=0 && (10.1.33\text{b})\\
&v(0,t)=0,\quad v''(0,t)=0,\quad v(l,t)=0,\quad v''(l,t)=0 && (10.1.33\text{c})
\end{aligned}\right.$$

方程组（10.1.33）即为研究具有大范围平面运动的铰接弹性梁的动力学模型，该模型描述了铰接弹性梁相对其基座的运动行为。

10.2　具有大范围平面运动的铰接弹性梁运动响应的算法

要获得方程组（10.1.33）精确的解析解是非常困难的，下面采用数值方法寻求该方程组满足初始条件的近似解。首先应用假设模态法[9]将方程（10.1.33b）进行离散化处理。根据假设模态法，可以将 $v(x,t)$ 表达为

$$v(x,t)=\sum_{i=1}^{n}Y_i(x)q_i(t) \tag{10.2.1}$$

式中，$Y_i(x)$ 和 $q_i(t)$ 分别为梁弯曲振动的假设模态函数和相应的广义坐标；n 为所选取的假设模态函数的个数。这里选取等截面简支梁弯曲振动的模态函数[10]作为 $Y_i(x)$，则有

$$Y_i(x)=\sin\frac{i\pi x}{l}\quad (i=1,2,\cdots,n) \tag{10.2.2}$$

将式（10.2.1）代入方程（10.1.33b）后，在方程的两边同乘以 $Y_j(x)$ $(j=1,2,\cdots,n)$，然后沿梁长取定积分（积分时考虑模态函数的正交性），得到

$$\begin{aligned}&\rho Aa_j\ddot{q}_j+[EIb_j-(\dot{\varphi}+\dot{\psi})^2\rho Aa_j]q_j+\rho A\{[\ddot{y}_0\cos(\varphi+\psi)-\ddot{x}_0\sin(\varphi+\psi)]c_j\\&+(\ddot{\varphi}+\ddot{\psi})d_j\}+\rho A\sum_{i=1}^{n}\{[\ddot{x}_0\cos(\varphi+\psi)+\ddot{y}_0\sin(\varphi+\psi)]F_{ji}+(\dot{\varphi}+\dot{\psi})^2S_{ji}\}q_i=0\\&(j=1,2,\cdots,n)\end{aligned} \tag{10.2.3}$$

式中

$$a_j=\int_0^l[Y_j(x)]^2\mathrm{d}x\quad (j=1,2,\cdots,n) \tag{10.2.4}$$

$$b_j=\int_0^l Y_j(x)Y_j^{(4)}(x)\mathrm{d}x\quad (j=1,2,\cdots,n) \tag{10.2.5}$$

$$c_j=\int_0^l Y_j(x)\mathrm{d}x\quad (j=1,2,\cdots,n) \tag{10.2.6}$$

$$d_j=\int_0^l xY_j(x)\mathrm{d}x\quad (j=1,2,\cdots,n) \tag{10.2.7}$$

$$F_{ji}=\int_0^l Y_j(x)[Y_i''(x)(l-x)-Y_i'(x)]\mathrm{d}x\quad (j,i=1,2,\cdots,n) \tag{10.2.8}$$

$$S_{ji}=\int_0^l Y_j(x)\left[xY_i'(x)-\frac{1}{2}Y_i''(x)(l^2-x^2)\right]\mathrm{d}x\quad (j,i=1,2,\cdots,n) \tag{10.2.9}$$

与常微分方程组（10.2.3）相配套的初始条件可以表达为

$$q_j(0)=\frac{1}{a_j}\int_0^l Y_j(x)v(x,0)\mathrm{d}x\quad (j=1,2,\cdots,n) \tag{10.2.10}$$

$$\dot{q}_j(0)=\frac{1}{a_j}\int_0^l Y_j(x)\dot{v}(x,0)\mathrm{d}x\quad (j=1,2,\cdots,n) \tag{10.2.11}$$

将常微分方程（10.1.33a）和常微分方程组（10.2.3）联立，形成如下的常微

分方程组：

$$\begin{cases}2l(\ddot{\varphi}+\ddot{\psi})+3[\ddot{y}_0\cos(\varphi+\psi)-\ddot{x}_0\sin(\varphi+\psi)]=0 & (10.2.12a)\\ \rho Aa_j\ddot{q}_j+[EIb_j-(\dot{\varphi}+\dot{\psi})^2\rho Aa_j]q_j+\rho A\{[\ddot{y}_0\cos(\varphi+\psi)-\ddot{x}_0\sin(\varphi+\psi)]c_j \\ +(\ddot{\varphi}+\ddot{\psi})d_j\}+\rho A\sum_{i=1}^{n}\{[\ddot{x}_0\cos(\varphi+\psi)+\ddot{y}_0\sin(\varphi+\psi)]F_{ji}+(\dot{\varphi}+\dot{\psi})^2S_{ji}\}q_i=0 \\ (j=1,2,\cdots,n) & (10.2.12b)\end{cases}$$

在已知初始条件$\psi(0)$、$\dot{\psi}(0)$、$q_j(0)$和$\dot{q}_j(0)$ $(j=1,2,\cdots,n)$的基础上，应用Matlab ode45 solver[3]求常微分方程组（10.2.12）初值问题的数值解，即可得到变量ψ和q_j $(j=1,2,\cdots,n)$对应于不同时刻的数值，在此基础上，应用式（10.2.1）就可以求得梁的弹性运动（弯曲运动）响应。基于以上分析，可以将确定具有大范围平面运动的铰接弹性梁运动响应的算法总结如下：

（1）由式（10.2.2）选定假设模态函数$Y_i(x)$ $(i=1,2,\cdots,n)$；

（2）由式（10.2.4）～式（10.2.9）分别计算出a_j、b_j、c_j、d_j、F_{ji}和S_{ji} $(j,i=1,2,\cdots,n)$的值；

（3）由式（10.2.10）和式（10.2.11）分别计算出$q_j(0)$和$\dot{q}_j(0)$ $(j=1,2,\cdots,n)$的值；

（4）应用Matlab ode45 solver[3]求常微分方程组（10.2.12）初值问题的数值解，进而得到变量ψ和q_j $(j=1,2,\cdots,n)$对应于不同时刻的数值；

（5）应用式（10.2.1）求得梁的弹性运动（弯曲运动）响应，最终获得梁相对其基座的总体运动响应（梁相对其基座的总体运动响应由$\psi(t)$和$v(x,t)$联合描述）。

10.3　示　例　1

位于水平面内的一根等截面弹性梁OD的一端O铰接于刚性旋转轮上，如图10.3.1所示，旋转轮的半径$r=0.55\text{m}$，梁的长度$l=0.9\text{m}$，横截面积$A=3.18\times10^{-5}\text{m}^2$，截面惯性矩$I=2.65\times10^{-12}\text{m}^4$，密度$\rho=7.866\times10^3\text{kg/m}^3$，弹性模量$E=2.01\times10^{11}\text{N/m}^2$，坐标系$O_0x_0y_0$与机座（地面）固连，坐标系$Ox_1y_1$与旋转轮固连（其中轴$x_1$与直线$O_0O$相重合），坐标系$Oxy$为弹性梁$OD$的浮动坐标系，其中轴$x$通过$O$、$D$两点。梁的初始状态为$\psi(0)=\dfrac{\pi}{6}\text{rad}$，$\dot{\psi}(0)=0$，$v(x,0)=\dot{v}(x,0)=0$。旋转轮的角速度为

$$\omega=\dot{\varphi}=\begin{cases}\dfrac{\omega_0}{T}t-\dfrac{\omega_0}{2\pi}\sin\left(\dfrac{2\pi}{T}t\right), & 0\leqslant t\leqslant T\\ \omega_0, & t>T\end{cases} \tag{10.3.1}$$

式中，$\omega_0=8.5\text{rad/s}$；$T=15\text{s}$。当$t=T$时，旋转轮的角速度达到稳态角速度ω_0。试确定弹性梁OD相对旋转轮的大范围运动规律$\psi(t)$和梁的中点的横向弹性运动响应$v(l/2,t)$。

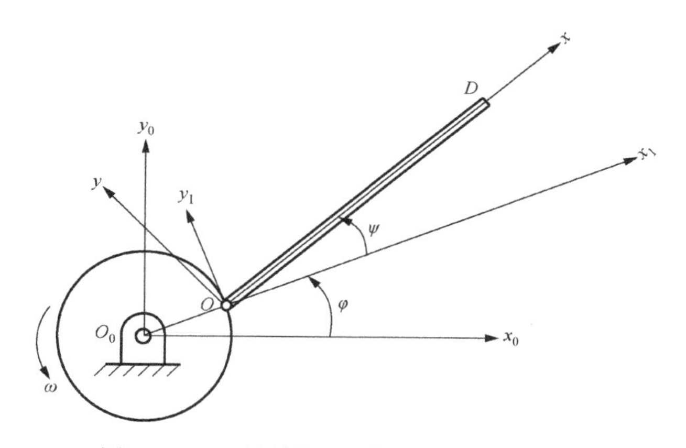

图 10.3.1　一端铰接于刚性旋转轮上的弹性梁

动坐标系 Ox_1y_1 的平面运动方程可表达为

$$\begin{cases} x_0 = r\cos\varphi \\ y_0 = r\sin\varphi \\ \varphi = \int_0^t \dot{\varphi}\,\mathrm{d}t \end{cases} \tag{10.3.2}$$

选定弹性梁 OD 的假设模态函数的个数 $n=2$，应用 10.2 节所述的算法，可以求得弹性梁 OD 相对旋转轮的大范围运动规律 $\psi(t)$ 和梁中点的横向弹性运动响应 $v(l/2,t)$，分别如图 10.3.2 和图 10.3.3 所示。

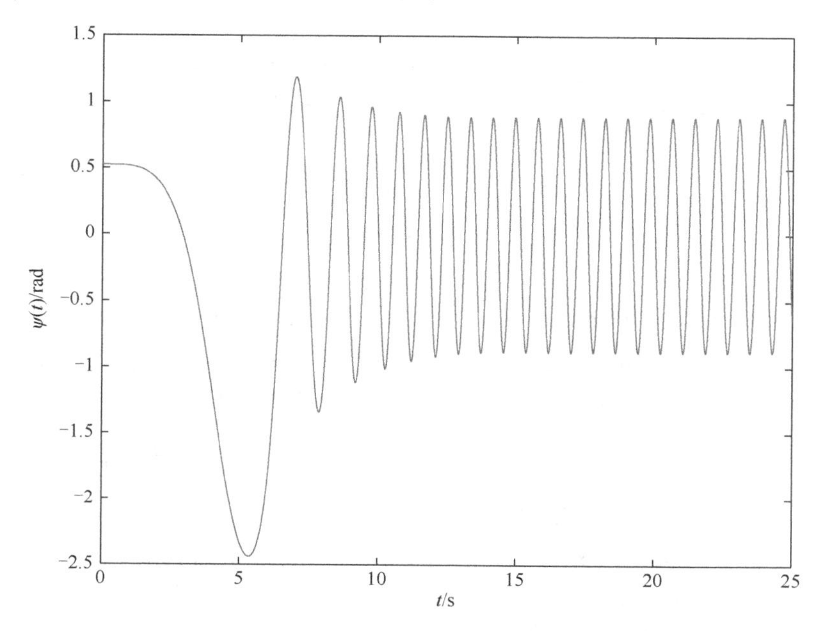

图 10.3.2　弹性梁相对旋转轮的大范围运动规律（示例 1）

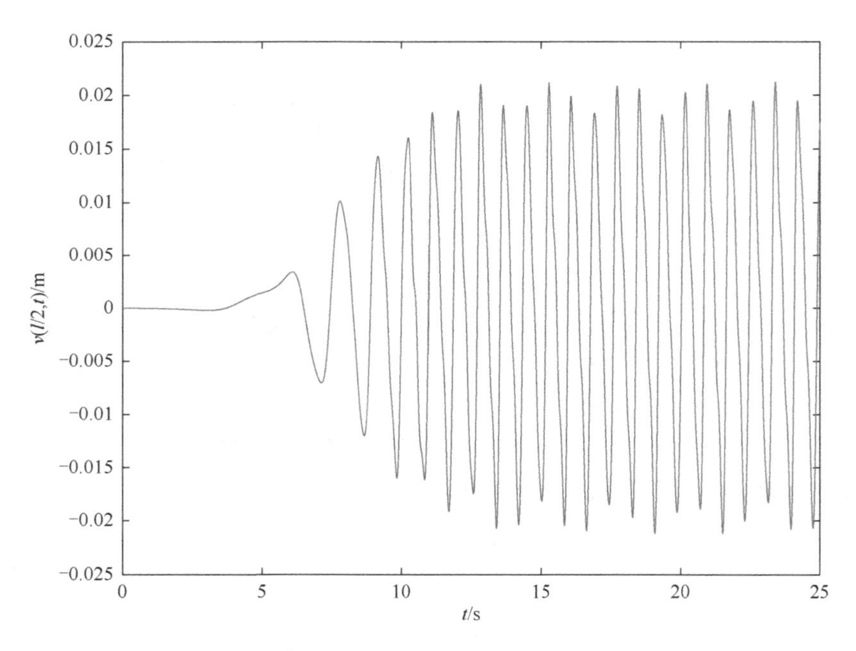

图 10.3.3　弹性梁中点的横向弹性运动响应（示例 1）

10.4　示　例　2

如图 10.1.1 所示，一根长度为l的等截面弹性梁OD（变形前为一直梁）的一端O铰接于刚性基座B，该基座在固定的水平坐标平面$O_0x_0y_0$内运动，其运动方程为

$$\begin{cases} x_0 = a\sin\omega_1 t \\ y_0 = b\cos\omega_2 t \\ \varphi = \omega_3 t \end{cases} \tag{10.4.1}$$

式中，$a = 0.03\,\text{m}$；$b = 0.02\,\text{m}$；$\omega_1 = 3\pi\,\text{rad/s}$；$\omega_2 = 2\pi\,\text{rad/s}$；$\omega_3 = 2\pi\,\text{rad/s}$。弹性梁$OD$的参数如下：梁的长度$l = 0.9\text{m}$，横截面积$A = 3.18\times10^{-5}\text{m}^2$，截面惯性矩$I = 2.65\times10^{-12}\text{m}^4$，密度$\rho = 7.866\times10^3\text{kg/m}^3$，弹性模量$E = 2.01\times10^{11}\text{N/m}^2$。梁的初始状态为$\psi(0) = \dfrac{\pi}{4}\text{rad}$，$\dot{\psi}(0) = 0$，$v(x,0) = \dot{v}(x,0) = 0$，试确定弹性梁$OD$相对基座B的大范围运动规律$\psi(t)$和梁的中点的横向弹性运动响应$v(l/2,t)$。

选定梁的假设模态函数的个数$n = 2$，应用 10.2 节中所述的算法，可以求得弹性梁OD相对基座B的大范围运动规律$\psi(t)$和梁中点的横向弹性运动响应$v(l/2,t)$，分别如图 10.4.1 和图 10.4.2 所示。

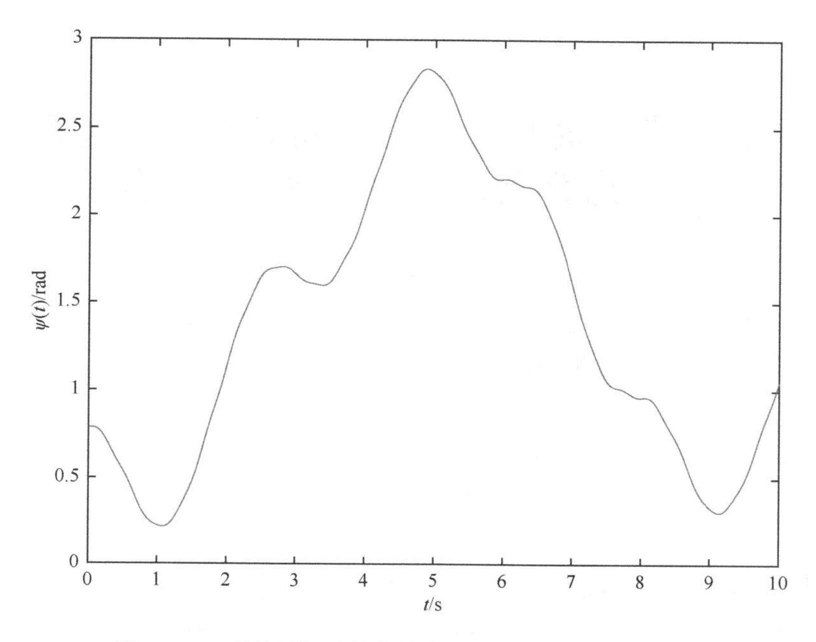

图 10.4.1　弹性梁相对基座的大范围运动规律（示例 2）

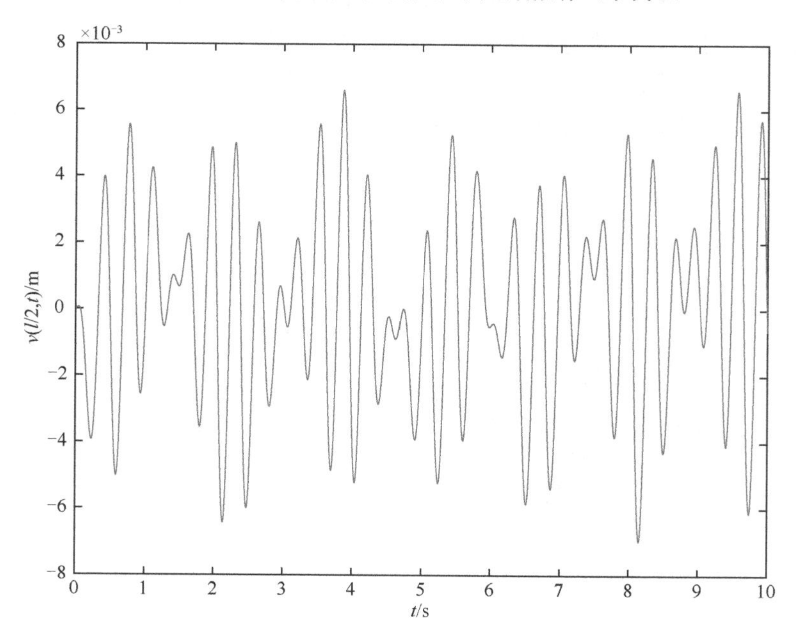

图 10.4.2　弹性梁中点的横向弹性运动响应（示例 2）

第 11 章　具有大范围空间运动的等截面圆柱悬臂梁的动力学建模与计算

工程中的某些运动构件（如航天器的杆弹性附件等）可以看作具有大范围空间运动的弹性悬臂梁，因此，研究这种梁的动力学问题具有一定的实际意义。本章介绍具有大范围空间运动的等截面圆柱悬臂梁的动力学建模和计算的有关内容。

11.1　具有大范围空间运动的等截面圆柱悬臂梁的动力学建模

一根长度为 l 的等截面弹性圆柱梁 OD 的一端固连于刚体 B，如图 11.1.1 所示，设刚体 B 相对固定参考系 O_0XYZ 作空间一般运动，该运动诱发悬臂梁 OD 相对于刚体 B 发生弹性运动。下面建立悬臂梁 OD 相对于刚体 B 的弹性运动微分方程。为了便于分析，在推导建模中采用如下两点假设：

（1）忽略梁中轴线上任意一点沿轴向方向的弹性位移；

（2）变形前梁的横截面在变形后仍保持为平面，且仍然垂直于变形后梁的中轴线。

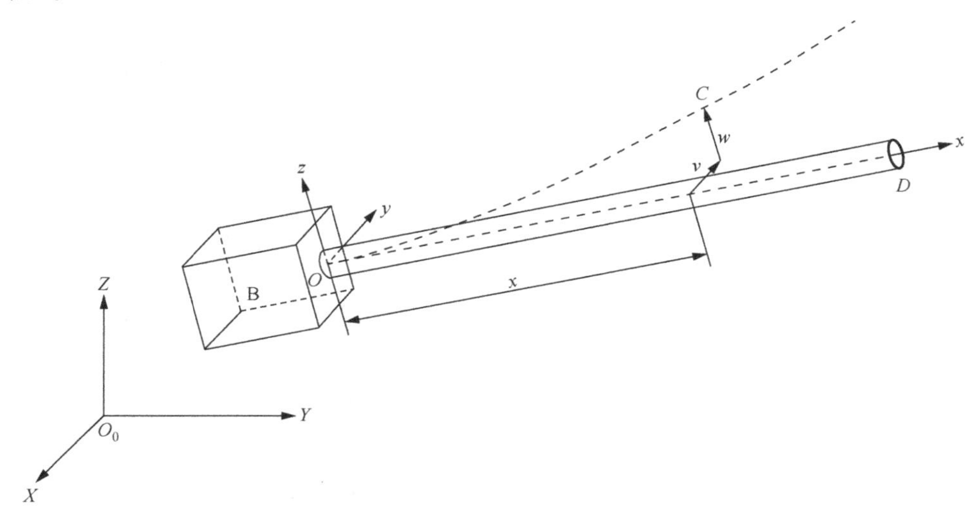

图 11.1.1　具有大范围空间运动的等截面圆柱悬臂梁

需要指出的是，上述两条假设通常也被应用在材料力学关于梁的弯曲变形的研究之中。

为了描述刚体 B 的运动规律，以梁的根部横截面形心 O 为坐标原点建立一个与刚体 B 固连的坐标系 $Oxyz$（图 11.1.1），其中 x 轴沿着未变形的梁的中轴线。设点 O 在定坐标系 O_0XYZ 中的坐标为（X,Y,Z），坐标系 $Oxyz$ 相对固定坐标系 O_0XYZ 的欧拉角为（ψ,θ,φ），这样刚体 B（动坐标系 $Oxyz$）的空间运动方程可表示为

$$\begin{cases} X = X(t) \\ Y = Y(t) \\ Z = Z(t) \\ \psi = \psi(t) \\ \theta = \theta(t) \\ \varphi = \varphi(t) \end{cases} \tag{11.1.1}$$

下面应用牛顿第二定律和欧拉动力学方程建立悬臂梁 OD 相对于刚体 B 的弹性运动微分方程，为此在梁上任意截取一微段 $\mathrm{d}x$ 为研究对象，画出该微段在任意时刻的受力图，见图 11.1.2。图中，坐标系 $C\xi\eta\zeta$ 是一个与该微段左端面相固连的坐标系，其中坐标原点 C 为该端面的形心，并设悬臂梁 OD 未变形时，坐标系 $C\xi\eta\zeta$ 的各轴分别与坐标系 $Oxyz$ 的各轴指向相同。N 为作用在梁微段左端面上的轴力，Q_η 和 Q_ζ 分别为作用在该端面上的剪力沿 η 轴和 ζ 轴的分量，T 为作用在

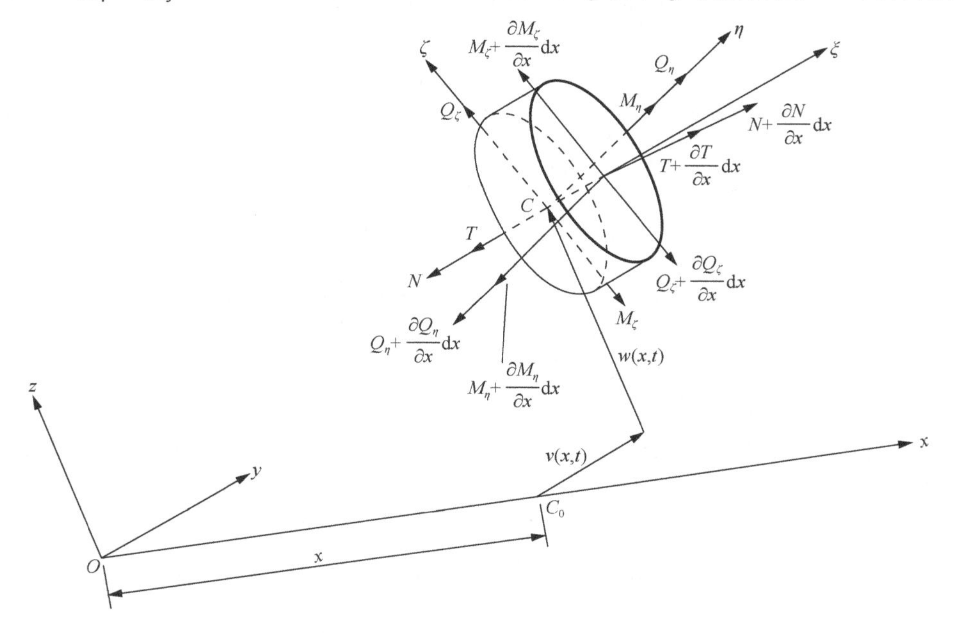

图 11.1.2　具有大范围空间运动的等截面圆柱悬臂梁的梁微段受力图

该端面上的扭矩矢，M_η 和 M_ζ 分别为作用在该端面上的弯矩矢沿 η 轴和 ζ 轴的分量；$v(x,t)$ 和 $w(x,t)$ 分别表示梁中轴线上坐标为 x 的点 C_0 沿 y 轴和 z 轴方向产生的弹性位移（横向位移），点 C_0 沿 x 轴方向产生的弹性位移（轴向位移）忽略不计，$\alpha(x,t)$ 为梁微段的左端面绕 ξ 轴的扭转角（图中未标出）。这样弹性梁 OD 相对刚体 B 的弹性运动就可以由参数 $v(x,t)$、$w(x,t)$ 和 $\alpha(x,t)$ 联合描述。应用牛顿第二定律，可以写出梁微段 dx 沿 y 轴和 z 轴方向的运动方程分别为

$$(\rho A\mathrm{d}x)a_{Cy} = -Nc_{21} + Q_\eta c_{22} + Q_\zeta c_{23} + \left(N + \frac{\partial N}{\partial x}\mathrm{d}x\right)\left(c_{21} + \frac{\partial c_{21}}{\partial x}\mathrm{d}x\right)$$
$$-\left(Q_\eta + \frac{\partial Q_\eta}{\partial x}\mathrm{d}x\right)\left(c_{22} + \frac{\partial c_{22}}{\partial x}\mathrm{d}x\right) - \left(Q_\zeta + \frac{\partial Q_\zeta}{\partial x}\mathrm{d}x\right)\left(c_{23} + \frac{\partial c_{23}}{\partial x}\mathrm{d}x\right) \quad (11.1.2)$$

和

$$(\rho A\mathrm{d}x)a_{Cz} = -Nc_{31} + Q_\eta c_{32} + Q_\zeta c_{33} + \left(N + \frac{\partial N}{\partial x}\mathrm{d}x\right)\left(c_{31} + \frac{\partial c_{31}}{\partial x}\mathrm{d}x\right)$$
$$-\left(Q_\eta + \frac{\partial Q_\eta}{\partial x}\mathrm{d}x\right)\left(c_{32} + \frac{\partial c_{32}}{\partial x}\mathrm{d}x\right) - \left(Q_\zeta + \frac{\partial Q_\zeta}{\partial x}\mathrm{d}x\right)\left(c_{33} + \frac{\partial c_{33}}{\partial x}\mathrm{d}x\right) \quad (11.1.3)$$

式中，ρ 和 A 分别为梁的密度和横截面积；a_{Cy} 和 a_{Cz} 分别为梁微段左端面形心 C 的绝对加速度 $\boldsymbol{a}_C$ 沿 y 轴和 z 轴方向的投影；c_{ij} 表示坐标系 $C\xi\eta\zeta$ 相对坐标系 $Oxyz$ 的方向余弦矩阵 $\boldsymbol{R}$ 的第 i 行的第 j 列元素。式（11.1.2）和式（11.1.3）可以分别化简为

$$\rho A a_{Cy} = c_{21}\frac{\partial N}{\partial x} + N\frac{\partial c_{21}}{\partial x} + \frac{\partial N}{\partial x}\frac{\partial c_{21}}{\partial x}\mathrm{d}x - c_{22}\frac{\partial Q_\eta}{\partial x} - Q_\eta\frac{\partial c_{22}}{\partial x} - \frac{\partial Q_\eta}{\partial x}\frac{\partial c_{22}}{\partial x}\mathrm{d}x$$
$$-c_{23}\frac{\partial Q_\zeta}{\partial x} - Q_\zeta\frac{\partial c_{23}}{\partial x} - \frac{\partial Q_\zeta}{\partial x}\frac{\partial c_{23}}{\partial x}\mathrm{d}x \quad (11.1.4)$$

和

$$\rho A a_{Cz} = c_{31}\frac{\partial N}{\partial x} + N\frac{\partial c_{31}}{\partial x} + \frac{\partial N}{\partial x}\frac{\partial c_{31}}{\partial x}\mathrm{d}x - c_{32}\frac{\partial Q_\eta}{\partial x} - Q_\eta\frac{\partial c_{32}}{\partial x} - \frac{\partial Q_\eta}{\partial x}\frac{\partial c_{32}}{\partial x}\mathrm{d}x$$
$$-c_{33}\frac{\partial Q_\zeta}{\partial x} - Q_\zeta\frac{\partial c_{33}}{\partial x} - \frac{\partial Q_\zeta}{\partial x}\frac{\partial c_{33}}{\partial x}\mathrm{d}x \quad (11.1.5)$$

将式（11.1.4）和式（11.1.5）中含 dx 的无限小微量项忽略后，则这两式可以进一步化简为

$$\rho A a_{Cy} = c_{21}\frac{\partial N}{\partial x} + N\frac{\partial c_{21}}{\partial x} - c_{22}\frac{\partial Q_\eta}{\partial x} - Q_\eta\frac{\partial c_{22}}{\partial x} - c_{23}\frac{\partial Q_\zeta}{\partial x} - Q_\zeta\frac{\partial c_{23}}{\partial x} \quad (11.1.6)$$

和

$$\rho A a_{Cz} = c_{31}\frac{\partial N}{\partial x} + N\frac{\partial c_{31}}{\partial x} - c_{32}\frac{\partial Q_\eta}{\partial x} - Q_\eta\frac{\partial c_{32}}{\partial x} - c_{33}\frac{\partial Q_\zeta}{\partial x} - Q_\zeta\frac{\partial c_{33}}{\partial x} \tag{11.1.7}$$

应用欧拉动力学方程[14]，可以写出梁微段 dx （图 11.1.2）绕 ξ 轴转动的动力学方程为

$$(\rho I_C \mathrm{dx})\dot{\Omega}_\xi + (\rho I_\zeta \mathrm{dx} - \rho I_\eta \mathrm{dx})\Omega_\eta \Omega_\zeta = -T + \left(T + \frac{\partial T}{\partial x}\mathrm{dx}\right) \tag{11.1.8}$$

式中，I_C 为梁微段的左端面对其形心 C 的极惯性矩；I_η 和 I_ζ 分别为梁微段的左端面对 η 轴和 ζ 轴的惯性矩。考虑到所研究的梁 OD 为一等截面的圆柱梁，故有

$$I_\zeta = I_\eta \tag{11.1.9}$$

将式（11.1.9）代入方程（11.1.8），化简得到

$$\rho I_C \dot{\Omega}_\xi = \frac{\partial T}{\partial x} \tag{11.1.10}$$

再将扭矩 $T = GI_C\dfrac{\partial \alpha}{\partial x}$ （G 为梁的剪切弹性模量）代入方程（11.1.10），得到

$$\rho \dot{\Omega}_\xi = G\frac{\partial^2 \alpha}{\partial x^2} \tag{11.1.11}$$

下面考察梁微段左端面形心 C 的绝对加速度 $\boldsymbol{a}_C$，根据点的加速度合成定理[14]，有

$$\boldsymbol{a}_C = \boldsymbol{a}_O + \boldsymbol{\varepsilon}\times\boldsymbol{r} + \boldsymbol{\omega}\times(\boldsymbol{\omega}\times\boldsymbol{r}) + \frac{\tilde{\mathrm{d}}^2\boldsymbol{r}}{\mathrm{d}t^2} + 2\boldsymbol{\omega}\times\frac{\tilde{\mathrm{d}}\boldsymbol{r}}{\mathrm{d}t} \tag{11.1.12}$$

式中，$\boldsymbol{a}_O$ 为点 O 的绝对加速度；$\boldsymbol{\omega}$ 和 $\boldsymbol{\varepsilon}$ 分别为动坐标系 $Oxyz$ 相对定坐标系 O_0XYZ 的角速度和角加速度；$\boldsymbol{r}$ 为点 C 相对动坐标系 $Oxyz$ 的矢径；$\dfrac{\tilde{\mathrm{d}}\boldsymbol{r}}{\mathrm{d}t}$ 和 $\dfrac{\tilde{\mathrm{d}}^2\boldsymbol{r}}{\mathrm{d}t^2}$ 分别表示 $\boldsymbol{r}$ 对时间的一阶和二阶相对导数。上述各量可以被分别表达为

$$\boldsymbol{a}_O = a_x\boldsymbol{i} + a_y\boldsymbol{j} + a_z\boldsymbol{k} \tag{11.1.13}$$

$$\boldsymbol{\omega} = \omega_x\boldsymbol{i} + \omega_y\boldsymbol{j} + \omega_z\boldsymbol{k} \tag{11.1.14}$$

$$\boldsymbol{\varepsilon} = \dot{\omega}_x\boldsymbol{i} + \dot{\omega}_y\boldsymbol{j} + \dot{\omega}_z\boldsymbol{k} \tag{11.1.15}$$

$$\boldsymbol{r} = x\boldsymbol{i} + v\boldsymbol{j} + w\boldsymbol{k} \tag{11.1.16}$$

$$\frac{\tilde{\mathrm{d}}\boldsymbol{r}}{\mathrm{d}t} = \frac{\partial v}{\partial t}\boldsymbol{j} + \frac{\partial w}{\partial t}\boldsymbol{k} \tag{11.1.17}$$

$$\frac{\tilde{\mathrm{d}}^2\boldsymbol{r}}{\mathrm{d}t^2} = \frac{\partial^2 v}{\partial t^2}\boldsymbol{j} + \frac{\partial^2 w}{\partial t^2}\boldsymbol{k} \tag{11.1.18}$$

式中，a_x、a_y 和 a_z 分别表示点 O 的绝对加速度 $\boldsymbol{a}_O$ 在 x 轴、y 轴和 z 轴上的投影；$\boldsymbol{i}$、$\boldsymbol{j}$ 和 $\boldsymbol{k}$ 分别表示沿 x 轴、y 轴和 z 轴的正向单位矢量；ω_x、ω_y 和 ω_z 分别表

示动坐标系 $Oxyz$ 相对定坐标系 O_0XYZ 的角速度 $\boldsymbol{\omega}$ 在 x 轴、 y 轴和 z 轴上的投影。根据动坐标系 $Oxyz$ 相对定坐标系 O_0XYZ 的空间运动方程（11.1.1），可以写出 ω_x 、ω_y、 ω_z 、 $\dot{\omega}_x$ 、 $\dot{\omega}_y$、 $\dot{\omega}_z$ 、 a_x 、 a_y 和 a_z 的表达式如下[14]：

$$\omega_x = \dot{\psi}\sin\theta\sin\varphi + \dot{\theta}\cos\varphi \tag{11.1.19}$$

$$\omega_y = \dot{\psi}\sin\theta\cos\varphi - \dot{\theta}\sin\varphi \tag{11.1.20}$$

$$\omega_z = \dot{\psi}\cos\theta + \dot{\varphi} \tag{11.1.21}$$

$$\dot{\omega}_x = \ddot{\psi}\sin\theta\sin\varphi + \dot{\psi}(\dot{\theta}\cos\theta\sin\varphi + \dot{\varphi}\sin\theta\cos\varphi) + \ddot{\theta}\cos\varphi - \dot{\theta}\dot{\varphi}\sin\varphi \tag{11.1.22}$$

$$\dot{\omega}_y = \ddot{\psi}\sin\theta\cos\varphi + \dot{\psi}(\dot{\theta}\cos\theta\cos\varphi - \dot{\varphi}\sin\theta\sin\varphi) - \ddot{\theta}\sin\varphi - \dot{\theta}\dot{\varphi}\cos\varphi \tag{11.1.23}$$

$$\dot{\omega}_z = \ddot{\psi}\cos\theta - \dot{\theta}\dot{\psi}\sin\theta + \ddot{\varphi} \tag{11.1.24}$$

$$a_x = \ddot{X}(\cos\psi\cos\varphi - \sin\psi\cos\theta\sin\varphi) + \ddot{Y}(\sin\psi\cos\varphi + \cos\psi\cos\theta\sin\varphi) + \ddot{Z}\sin\theta\sin\varphi \tag{11.1.25}$$

$$a_y = \ddot{X}(-\cos\psi\sin\varphi - \sin\psi\cos\theta\cos\varphi) + \ddot{Y}(-\sin\psi\sin\varphi + \cos\psi\cos\theta\cos\varphi) + \ddot{Z}\sin\theta\cos\varphi \tag{11.1.26}$$

$$a_z = \ddot{X}\sin\psi\sin\theta - \ddot{Y}\cos\psi\sin\theta + \ddot{Z}\cos\theta \tag{11.1.27}$$

将式（11.1.13）～式（11.1.18）代入式（11.1.12），得到

$$\begin{aligned}\boldsymbol{a}_C =& \left[a_x + \omega_y(\omega_x v - \omega_y x) - \omega_z(\omega_z x - \omega_x w) + (\dot{\omega}_y w - \dot{\omega}_z v) + 2\left(\omega_y\frac{\partial w}{\partial t} - \omega_z\frac{\partial v}{\partial t}\right)\right]\boldsymbol{i}\\ &+\left[a_y - \omega_x(\omega_x v - \omega_y x) + \omega_z(\omega_y w - \omega_z v) + (\dot{\omega}_z x - \dot{\omega}_x w) - 2\omega_x\frac{\partial w}{\partial t} + \frac{\partial^2 v}{\partial t^2}\right]\boldsymbol{j}\\ &+\left[a_z + \omega_x(\omega_z x - \omega_x w) - \omega_y(\omega_y w - \omega_z v) + (\dot{\omega}_x v - \dot{\omega}_y x) + 2\omega_x\frac{\partial v}{\partial t} + \frac{\partial^2 w}{\partial t^2}\right]\boldsymbol{k}\end{aligned} \tag{11.1.28}$$

由式（11.1.28）可以看出矢量 $\boldsymbol{a}_C$ 在 y 轴和 z 轴上的投影分别为

$$a_{Cy} = a_y - \omega_x(\omega_x v - \omega_y x) + \omega_z(\omega_y w - \omega_z v) + (\dot{\omega}_z x - \dot{\omega}_x w) - 2\omega_x\frac{\partial w}{\partial t} + \frac{\partial^2 v}{\partial t^2} \tag{11.1.29}$$

$$a_{Cz} = a_z + \omega_x(\omega_z x - \omega_x w) - \omega_y(\omega_y w - \omega_z v) + (\dot{\omega}_x v - \dot{\omega}_y x) + 2\omega_x\frac{\partial v}{\partial t} + \frac{\partial^2 w}{\partial t^2} \tag{11.1.30}$$

式（11.1.29）和式（11.1.30）在后续的推导中会用到。

下面接着考察坐标系 $C\xi\eta\zeta$ 相对坐标系 $Oxyz$ 的方向余弦矩阵。如前所述，在悬臂梁 OD 未变形时，坐标系 $C\xi\eta\zeta$ 的各轴分别与坐标系 $Oxyz$ 的各轴指向相同，这样在该梁发生小变形后（即在经历小变形 $v(x,t)$ 、 $w(x,t)$ 和 $\alpha(x,t)$ 之后），坐标系 $C\xi\eta\zeta$ 相对坐标系 $Oxyz$ 的方向余弦矩阵 $\boldsymbol{R}$ 可用变形参量 $v(x,t)$ 、 $w(x,t)$ 和 $\alpha(x,t)$ 近似地表达为

$$\boldsymbol{R}=\begin{bmatrix} 1 & -\dfrac{\partial v}{\partial x} & -\dfrac{\partial w}{\partial x} \\ \dfrac{\partial v}{\partial x} & 1 & -\alpha \\ \dfrac{\partial w}{\partial x} & \alpha & 1 \end{bmatrix} \tag{11.1.31}$$

由式（11.1.31）可以看出矩阵 $\boldsymbol{R}$ 的各元素 c_{ij} 的表达式如下：

$$c_{11}=1 \tag{11.1.32}$$

$$c_{12}=-\frac{\partial v}{\partial x} \tag{11.1.33}$$

$$c_{13}=-\frac{\partial w}{\partial x} \tag{11.1.34}$$

$$c_{21}=\frac{\partial v}{\partial x} \tag{11.1.35}$$

$$c_{22}=1 \tag{11.1.36}$$

$$c_{23}=-\alpha \tag{11.1.37}$$

$$c_{31}=\frac{\partial w}{\partial x} \tag{11.1.38}$$

$$c_{32}=\alpha \tag{11.1.39}$$

$$c_{33}=1 \tag{11.1.40}$$

式（11.1.32）～式（11.1.40）在后续的推导中会用到。

下面接着考察坐标系 $C\xi\eta\zeta$ 的绝对角速度 $\boldsymbol{\Omega}$ 。根据角速度合成定理[14]，有

$$\boldsymbol{\Omega}=\boldsymbol{\omega}+\boldsymbol{\omega}_{\mathrm{r}} \tag{11.1.41}$$

式中，$\boldsymbol{\omega}$ 为动坐标系 $Oxyz$ 相对定坐标系 O_0XYZ 的角速度（如前所述）；$\boldsymbol{\omega}_{\mathrm{r}}$ 为坐标系 $C\xi\eta\zeta$ 相对动坐标系 $Oxyz$ 的角速度，它在 ξ 轴、η 轴和 ζ 轴上的投影 $\omega_{\mathrm{r}\xi}$、$\omega_{\mathrm{r}\eta}$、$\omega_{\mathrm{r}\zeta}$ 与坐标系 $C\xi\eta\zeta$ 相对坐标系 $Oxyz$ 的方向余弦矩阵的各元素 c_{ij} 之间的关系可表达为[14]

$$\omega_{\mathrm{r}\xi}=c_{13}\dot{c}_{12}+c_{23}\dot{c}_{22}+c_{33}\dot{c}_{32} \tag{11.1.42}$$

$$\omega_{\mathrm{r}\eta}=c_{11}\dot{c}_{13}+c_{21}\dot{c}_{23}+c_{31}\dot{c}_{33} \tag{11.1.43}$$

$$\omega_{\mathrm{r}\zeta}=c_{12}\dot{c}_{11}+c_{22}\dot{c}_{21}+c_{32}\dot{c}_{31} \tag{11.1.44}$$

将式（11.1.32）～式（11.1.40）代入式（11.1.42）～式（11.1.44），得到

$$\omega_{\mathrm{r}\xi}=\frac{\partial w}{\partial x}\cdot\frac{\partial^2 v}{\partial x\partial t}+\frac{\partial \alpha}{\partial t} \tag{11.1.45}$$

$$\omega_{r\eta} = -\frac{\partial^2 w}{\partial x \partial t} - \frac{\partial v}{\partial x} \cdot \frac{\partial \alpha}{\partial t} \tag{11.1.46}$$

$$\omega_{r\zeta} = \frac{\partial^2 v}{\partial x \partial t} + \alpha \frac{\partial^2 w}{\partial x \partial t} \tag{11.1.47}$$

将矢量式（11.1.41）写成在坐标系$C\xi\eta\zeta$中的投影列阵形式，则有

$$\begin{Bmatrix} \Omega_\xi \\ \Omega_\eta \\ \Omega_\zeta \end{Bmatrix} = \boldsymbol{R}^{\mathrm{T}} \begin{Bmatrix} \omega_x \\ \omega_y \\ \omega_z \end{Bmatrix} + \begin{Bmatrix} \omega_{r\xi} \\ \omega_{r\eta} \\ \omega_{r\zeta} \end{Bmatrix} \tag{11.1.48}$$

将式（11.1.31）、式（11.1.45）～式（11.1.47）代入式（11.1.48），得到

$$\Omega_\xi = \omega_x + \omega_y \frac{\partial v}{\partial x} + \omega_z \frac{\partial w}{\partial x} + \frac{\partial w}{\partial x} \cdot \frac{\partial^2 v}{\partial x \partial t} + \frac{\partial \alpha}{\partial t} \tag{11.1.49}$$

$$\Omega_\eta = -\omega_x \frac{\partial v}{\partial x} + \omega_y + \alpha \omega_z - \frac{\partial^2 w}{\partial x \partial t} - \frac{\partial v}{\partial x} \cdot \frac{\partial \alpha}{\partial t} \tag{11.1.50}$$

$$\Omega_\zeta = -\omega_x \frac{\partial w}{\partial x} - \alpha \omega_y + \omega_z + \frac{\partial^2 v}{\partial x \partial t} + \alpha \frac{\partial^2 w}{\partial x \partial t} \tag{11.1.51}$$

将式（11.1.49）代入式（11.1.11），得到

$$\begin{aligned} &G \frac{\partial^2 \alpha}{\partial x^2} - \rho \left(\dot{\omega}_x + \dot{\omega}_y \frac{\partial v}{\partial x} + \omega_y \frac{\partial^2 v}{\partial x \partial t} + \dot{\omega}_z \frac{\partial w}{\partial x} + \omega_z \frac{\partial^2 w}{\partial x \partial t} \right. \\ &\left. + \frac{\partial^2 w}{\partial x \partial t} \cdot \frac{\partial^2 v}{\partial x \partial t} + \frac{\partial w}{\partial x} \cdot \frac{\partial^3 v}{\partial x \partial t^2} + \frac{\partial^2 \alpha}{\partial t^2} \right) = 0 \end{aligned} \tag{11.1.52}$$

在忽略梁微段 dx 对η轴和ζ轴的转动惯性的情形下（伯努利-欧拉梁假设），有

$$\sum M_\eta(\boldsymbol{F}) = 0 \tag{11.1.53}$$

$$\sum M_\zeta(\boldsymbol{F}) = 0 \tag{11.1.54}$$

对照梁微段的受力图（图 11.1.2），可以写出方程（11.1.53）的具体形式为

$$M_\eta - \left(M_\eta + \frac{\partial M_\eta}{\partial x} \mathrm{d}x \right) + \left(Q_\zeta + \frac{\partial Q_\zeta}{\partial x} \mathrm{d}x \right) \mathrm{d}x = 0 \tag{11.1.55}$$

即

$$-\frac{\partial M_\eta}{\partial x} + Q_\zeta + \frac{\partial Q_\zeta}{\partial x} \mathrm{d}x = 0 \tag{11.1.56}$$

将式（11.1.56）中含 dx 的无限小微量项$\frac{\partial Q_\zeta}{\partial x}\mathrm{d}x$忽略后，可进一步化简为

$$Q_\zeta = \frac{\partial M_\eta}{\partial x} \tag{11.1.57}$$

同理可以得到

$$Q_{\eta} = \frac{\partial M_{\zeta}}{\partial x} \tag{11.1.58}$$

在小变形情形下，对弯矩 M_{η} 和 M_{ζ} 应用伯努利-欧拉公式，有

$$M_{\eta} = EI_{\eta} \frac{\partial^2 w}{\partial x^2} \tag{11.1.59}$$

和

$$M_{\zeta} = EI_{\zeta} \frac{\partial^2 v}{\partial x^2} = EI_{\eta} \frac{\partial^2 v}{\partial x^2} \tag{11.1.60}$$

将式（11.1.59）和式（11.1.60）分别代入式（11.1.57）和式（11.1.58），得到

$$Q_{\zeta} = EI_{\eta} \frac{\partial^3 w}{\partial x^3} \tag{11.1.61}$$

$$Q_{\eta} = EI_{\eta} \frac{\partial^3 v}{\partial x^3} \tag{11.1.62}$$

式（11.1.61）和式（11.1.62）就是梁微段左端面（图 11.1.2）上两个正交剪力 Q_{ζ} 和 Q_{η} 的表达式。

下面接着考察作用在梁微段左端面上的轴力 N（图 11.1.2）。由于梁内的轴向力由梁的大范围运动产生，因此，在梁的小变形情形下，有

$$N \approx \bar{N} \tag{11.1.63}$$

式中，$\bar{N}$ 表示把梁看作刚性直梁时，坐标为 x 处的梁的横截面上的轴力。当把梁看作刚性直梁时，取坐标为 x 处的横截面到自由端 D 的这一段截断梁为研究对象，对该段梁沿 x 轴方向应用质心运动定理，可以推得

$$\bar{N} = \rho A(x-l)\left[a_x - (\omega_y^2 + \omega_z^2)\frac{x+l}{2}\right] \tag{11.1.64}$$

将式（11.1.64）代入式（11.1.63），得到

$$N = \rho A(x-l)\left[a_x - (\omega_y^2 + \omega_z^2)\frac{x+l}{2}\right] \tag{11.1.65}$$

将式（11.1.29）、式（11.1.35）～式（11.1.37）、式（11.1.61）、式（11.1.62）和式（11.1.65）代入方程（11.1.6），得到

$$\begin{aligned} &EI_{\eta}\frac{\partial^4 v}{\partial x^4} - EI_{\eta}\alpha\frac{\partial^4 w}{\partial x^4} - EI_{\eta}\frac{\partial^3 w}{\partial x^3}\frac{\partial \alpha}{\partial x} - \rho A[a_x - x(\omega_y^2+\omega_z^2)]\frac{\partial v}{\partial x} \\ &-\rho A(x-l)\left[a_x - (\omega_y^2+\omega_z^2)\frac{x+l}{2}\right]\frac{\partial^2 v}{\partial x^2} - \rho A(\omega_x^2+\omega_z^2)v + \rho A(\omega_z\omega_y - \dot{\omega}_x)w \\ &-2\rho A\omega_x\frac{\partial w}{\partial t} + \rho A\frac{\partial^2 v}{\partial t^2} + \rho A(\omega_x\omega_y + \dot{\omega}_z)x + \rho A a_y = 0 \end{aligned} \tag{11.1.66}$$

同理将式（11.1.30）、式（11.1.38）～式（11.1.40）、式（11.1.61）、式（11.1.62）和式（11.1.65）代入方程（11.1.7），可以得到

$$EI_\eta \frac{\partial^4 w}{\partial x^4} + EI_\eta \alpha \frac{\partial^4 v}{\partial x^4} + EI_\eta \frac{\partial^3 v}{\partial x^3}\frac{\partial \alpha}{\partial x} - \rho A[a_x - x(\omega_y^2 + \omega_z^2)]\frac{\partial w}{\partial x}$$
$$-\rho A(x-l)\left[a_x - (\omega_y^2 + \omega_z^2)\frac{x+l}{2}\right]\frac{\partial^2 w}{\partial x^2} - \rho A(\omega_x^2 + \omega_z^2)w + \rho A(\omega_z\omega_y + \dot{\omega}_x)v$$
$$+2\rho A\omega_x \frac{\partial v}{\partial t} + \rho A\frac{\partial^2 w}{\partial t^2} + \rho A(\omega_x\omega_z - \dot{\omega}_y)x + \rho A a_z = 0 \tag{11.1.67}$$

将方程（11.1.66）、方程（11.1.67）和方程（11.1.52）联立，即形成了悬臂梁 OD 相对于刚体 B 的弹性运动偏微分方程组

$$\begin{cases} EI_\eta \dfrac{\partial^4 v}{\partial x^4} - EI_\eta \alpha \dfrac{\partial^4 w}{\partial x^4} - EI_\eta \dfrac{\partial^3 w}{\partial x^3}\dfrac{\partial \alpha}{\partial x} - \rho A[a_x - x(\omega_y^2 + \omega_z^2)]\dfrac{\partial v}{\partial x} \\ -\rho A(x-l)\left[a_x - (\omega_y^2 + \omega_z^2)\dfrac{x+l}{2}\right]\dfrac{\partial^2 v}{\partial x^2} - \rho A(\omega_x^2 + \omega_z^2)v + \rho A(\omega_z\omega_y - \dot{\omega}_x)w \\ -2\rho A\omega_x \dfrac{\partial w}{\partial t} + \rho A\dfrac{\partial^2 v}{\partial t^2} + \rho A(\omega_x\omega_y + \dot{\omega}_z)x + \rho A a_y = 0 & (11.1.68\text{a}) \\ EI_\eta \dfrac{\partial^4 w}{\partial x^4} + EI_\eta \alpha \dfrac{\partial^4 v}{\partial x^4} + EI_\eta \dfrac{\partial^3 v}{\partial x^3}\dfrac{\partial \alpha}{\partial x} - \rho A[a_x - x(\omega_y^2 + \omega_z^2)]\dfrac{\partial w}{\partial x} \\ -\rho A(x-l)\left[a_x - (\omega_y^2 + \omega_z^2)\dfrac{x+l}{2}\right]\dfrac{\partial^2 w}{\partial x^2} - \rho A(\omega_x^2 + \omega_z^2)w + \rho A(\omega_z\omega_y + \dot{\omega}_x)v \\ +2\rho A\omega_x \dfrac{\partial v}{\partial t} + \rho A\dfrac{\partial^2 w}{\partial t^2} + \rho A(\omega_x\omega_z - \dot{\omega}_y)x + \rho A a_z = 0 & (11.1.68\text{b}) \\ G\dfrac{\partial^2 \alpha}{\partial x^2} - \rho\left(\dot{\omega}_x + \dot{\omega}_y\dfrac{\partial v}{\partial x} + \omega_y\dfrac{\partial^2 v}{\partial x \partial t} + \dot{\omega}_z\dfrac{\partial w}{\partial x} + \omega_z\dfrac{\partial^2 w}{\partial x \partial t} + \dfrac{\partial^2 w}{\partial x \partial t}\cdot\dfrac{\partial^2 v}{\partial x \partial t}\right. \\ \left.+\dfrac{\partial w}{\partial x}\cdot\dfrac{\partial^3 v}{\partial x \partial t^2} + \dfrac{\partial^2 \alpha}{\partial t^2}\right) = 0 & (11.1.68\text{c}) \end{cases}$$

与上述偏微分方程组相配套的边界条件为

$$v(0,t)=0,\quad v'(0,t)=0,\quad v''(l,t)=0,\quad v'''(l,t)=0 \tag{11.1.69a}$$
$$w(0,t)=0,\quad w'(0,t)=0,\quad w''(l,t)=0,\quad w'''(l,t)=0 \tag{11.1.69b}$$
$$\alpha(0,t)=0,\quad \alpha'(l,t)=0 \tag{11.1.69c}$$

偏微分方程组（11.1.68）和边界条件（11.1.69）共同构成了具有大范围空间运动的弹性等截面圆柱悬臂梁的动力学模型。

11.2 具有大范围空间运动的等截面圆柱悬臂梁的弹性运动响应算法

方程组（11.1.68）是一组非线性偏微分方程，要获得其精确的解析解是非常

困难的，下面采用假设模态法寻求该方程组满足边界条件（11.1.69）的近似解。根据假设模态法[9]，可以将 $v(x,t)$ 、 $w(x,t)$ 和 $\alpha(x,t)$ 分别表达为

$$v(x,t)=\sum_{i=1}^{n} f_{1i}(x)\,q_{1i}(t) \tag{11.2.1}$$

$$w(x,t)=\sum_{i=1}^{n} f_{2i}(x)\,q_{2i}(t) \tag{11.2.2}$$

$$\alpha(x,t)=\sum_{i=1}^{m} f_{3i}(x)\,q_{3i}(t) \tag{11.2.3}$$

式中， $f_{1i}(x)$ 和 $q_{1i}(t)$ 分别为梁沿 y 轴方向发生弯曲振动的假设模态函数和相应的广义坐标； $f_{2i}(x)$ 和 $q_{2i}(t)$ 分别为梁沿 z 轴方向发生弯曲振动的假设模态函数和相应的广义坐标； $f_{3i}(x)$ 和 $q_{3i}(t)$ 分别为梁扭转振动的假设模态函数和相应的广义坐标。这里选取等截面悬臂梁弯曲振动的模态函数[10]作为 $f_{1i}(x)$ 和 $f_{2i}(x)$ ，则有

$$f_{1i}(x)=f_{2i}(x)=\cos\beta_i x-\cosh\beta_i x+\gamma_i(\sin\beta_i x-\sinh\beta_i x)\qquad (i=1,2,\cdots,n) \tag{11.2.4}$$

式中

$$\beta_1 l=1.875,\quad \beta_2 l=4.694,\quad \beta_i l\approx(i-0.5)\pi\qquad (i=3,4,\cdots,n) \tag{11.2.5}$$

$$\gamma_i=-\frac{\cos\beta_i l+\cosh\beta_i l}{\sin\beta_i l+\sinh\beta_i l}\qquad (i=1,2,\cdots,n) \tag{11.2.6}$$

选取等截面圆轴扭转振动的模态函数[10]作为 $f_{3i}(x)$ ，则有

$$f_{3i}(x)=\sin\frac{(2i-1)\pi}{2l}x\qquad (i=1,2,\cdots,m) \tag{11.2.7}$$

将式（11.2.1）～式（11.2.3）代入方程（11.1.68a）后，在方程的两边同乘以 $f_{1j}(x)$ $(j=1,2,\cdots,n)$ ，然后沿梁长取定积分（积分时考虑模态函数的正交性），得到

$$\begin{aligned}&\rho A a_j\ddot{q}_{1j}(t)-2\rho A\omega_x a_j\dot{q}_{2j}(t)+[EI_\eta b_j-\rho A(\omega_x^2+\omega_z^2)a_j]q_{1j}(t)\\&+\rho A(\omega_z\omega_y-\dot{\omega}_x)a_j q_{2j}(t)-\rho A\sum_{i=1}^{n}\left[a_x(c_{ji}+e_{ji})-(\omega_y^2+\omega_z^2)\left(d_{ji}+\frac{1}{2}F_{ji}\right)\right]q_{1i}(t)\\&-EI_\eta\sum_{i=1}^{n}\sum_{k=1}^{m}(L_{jik}+P_{jik})q_{2i}(t)q_{3k}(t)+\rho A(\omega_x\omega_y+\dot{\omega}_z)g_j\\&+\rho A a_y h_j=0\qquad (j=1,2,\cdots,n)\end{aligned} \tag{11.2.8}$$

式中

$$a_j=\int_0^l[f_{1j}(x)]^2\,\mathrm{d}x\qquad (j=1,2,\cdots,n) \tag{11.2.9}$$

$$b_j=\int_0^l f_{1j}(x)\,f_{1j}^{(4)}(x)\mathrm{d}x\qquad (j=1,2,\cdots,n) \tag{11.2.10}$$

$$c_{ji}=\int_0^l f_{1j}(x)f_{1i}'(x)\mathrm{d}x\qquad (j=1,2,\cdots,n)\quad (i=1,2,\cdots,n) \tag{11.2.11}$$

$$d_{ji}=\int_0^l xf_{1j}(x)f_{1i}'(x)\mathrm{d}x\qquad (j=1,2,\cdots,n)\quad (i=1,2,\cdots,n) \tag{11.2.12}$$

$$e_{ji}=\int_0^l (x-l)f_{1j}(x)f_{1i}''(x)\mathrm{d}x \qquad (j=1,2,\cdots,n) \qquad (i=1,2,\cdots,n) \tag{11.2.13}$$

$$F_{ji}=\int_0^l (x^2-l^2)f_{1j}(x)f_{1i}''(x)\mathrm{d}x \qquad (j=1,2,\cdots,n) \qquad (i=1,2,\cdots,n) \tag{11.2.14}$$

$$g_j=\int_0^l xf_{1j}(x)\mathrm{d}x \qquad (j=1,2,\cdots,n) \tag{11.2.15}$$

$$h_j=\int_0^l f_{1j}(x)\mathrm{d}x \qquad (j=1,2,\cdots,n) \tag{11.2.16}$$

$$L_{jik}=\int_0^l f_{1j}(x)f_{1i}^{(4)}(x)f_{3k}(x)\mathrm{d}x \quad (j=1,2,\cdots,n)\ (i=1,2,\cdots,n)\ (k=1,2,\cdots,m) \tag{11.2.17}$$

$$P_{jik}=\int_0^l f_{1j}(x)f_{1i}^{(3)}(x)f_{3k}'(x)\mathrm{d}x \quad (j=1,2,\cdots,n)\ (i=1,2,\cdots,n)\ (k=1,2,\cdots,m) \tag{11.2.18}$$

将式（11.2.1）～式（11.2.3）代入方程（11.1.68b）后，在方程的两边同乘以 $f_{1j}(x)$ $(j=1,2,\cdots,n)$，然后沿梁长取定积分（积分时考虑模态函数的正交性），得到

$$\begin{aligned}&\rho Aa_j\ddot{q}_{2j}(t)+2\rho A\omega_x a_j\dot{q}_{1j}(t)+[EI_\eta b_j-\rho A(\omega_x^2+\omega_z^2)a_j]q_{2j}(t)\\&+\rho A(\omega_z\omega_y+\dot{\omega}_x)a_jq_{1j}(t)-\rho A\sum_{i=1}^n\left[a_x(c_{ji}+e_{ji})-(\omega_y^2+\omega_z^2)\left(d_{ji}+\frac{1}{2}F_{ji}\right)\right]q_{2i}(t)\\&+EI_\eta\sum_{i=1}^n\sum_{k=1}^m(L_{jik}+P_{jik})q_{1i}(t)q_{3k}(t)+\rho A(\omega_x\omega_z-\dot{\omega}_y)g_j\\&+\rho Aa_zh_j=0 \qquad (j=1,2,\cdots,n)\end{aligned} \tag{11.2.19}$$

将式（11.2.1）～式（11.2.3）代入方程（11.1.68c）后，在方程的两边同乘以 $f_{3j}(x)$ $(j=1,2,\cdots,m)$，然后沿梁长取定积分（积分时考虑模态函数的正交性），得到

$$\begin{aligned}&\rho V_j\ddot{q}_{3j}(t)+\rho\sum_{i=1}^n\sum_{k=1}^nU_{jik}\ddot{q}_{1i}(t)q_{2k}(t)+\rho\sum_{i=1}^n\sum_{k=1}^nU_{jik}\dot{q}_{1i}(t)\dot{q}_{2k}(t)\\&+\rho\omega_y\sum_{i=1}^nR_{ji}\dot{q}_{1i}(t)+\rho\omega_z\sum_{i=1}^nR_{ji}\dot{q}_{2i}(t)+\rho\dot{\omega}_y\sum_{i=1}^nR_{ji}q_{1i}(t)\\&+\rho\dot{\omega}_z\sum_{i=1}^nR_{ji}q_{2i}(t)-GN_jq_{3j}(t)\\&+\rho\dot{\omega}_xQ_j=0 \quad (j=1,2,\cdots,m)\end{aligned} \tag{11.2.20}$$

式中

$$N_j=\int_0^l f_{3j}(x)f_{3j}''(x)\mathrm{d}x \qquad (j=1,2,\cdots,m) \tag{11.2.21}$$

$$Q_j=\int_0^l f_{3j}(x)\mathrm{d}x \qquad (j=1,2,\cdots,m) \tag{11.2.22}$$

$$R_{ji}=\int_0^l f_{3j}(x)f_{1i}'(x)\mathrm{d}x \qquad (j=1,2,\cdots,m) \qquad (i=1,2,\cdots,n) \tag{11.2.23}$$

$$U_{jik}=\int_0^l f_{3j}(x)f_{1i}'(x)f_{1k}'(x)\mathrm{d}x \quad (j=1,2,\cdots,m) \quad (i=1,2,\cdots,n) \quad (k=1,2,\cdots,n) \tag{11.2.24}$$

$$V_j = \int_0^l [f_{3j}(x)]^2 \mathrm{d}x \qquad (j = 1, 2, \cdots, m) \tag{11.2.25}$$

联立方程（11.2.8）、方程（11.2.19）和方程（11.2.20），得到如下的常微分方程组：

$$\begin{cases} \rho A a_j \ddot{q}_{1j}(t) - 2\rho A \omega_x a_j \dot{q}_{2j}(t) + [EI_\eta b_j - \rho A(\omega_x^2 + \omega_z^2) a_j] q_{1j}(t) + \rho A(\omega_z \omega_y - \dot{\omega}_x) a_j q_{2j}(t) \\ -\rho A \sum\limits_{i=1}^{n} \left[a_x (c_{ji} + e_{ji}) - (\omega_y^2 + \omega_z^2)\left(d_{ji} + \dfrac{1}{2} F_{ji} \right) \right] q_{1i}(t) - EI_\eta \sum\limits_{i=1}^{n} \sum\limits_{k=1}^{m} (L_{jik} + P_{jik}) q_{2i}(t) q_{3k}(t) \\ +\rho A(\omega_x \omega_y + \dot{\omega}_z) g_j + \rho A a_y h_j = 0 \qquad (j = 1, 2, \cdots, n) \qquad (11.2.26\text{a}) \\ \rho A a_j \ddot{q}_{2j}(t) + 2\rho A \omega_x a_j \dot{q}_{1j}(t) + [EI_\eta b_j - \rho A(\omega_x^2 + \omega_z^2) a_j] q_{2j}(t) + \rho A(\omega_z \omega_y + \dot{\omega}_x) a_j q_{1j}(t) \\ -\rho A \sum\limits_{i=1}^{n} \left[a_x (c_{ji} + e_{ji}) - (\omega_y^2 + \omega_z^2)\left(d_{ji} + \dfrac{1}{2} F_{ji} \right) \right] q_{2i}(t) + EI_\eta \sum\limits_{i=1}^{n} \sum\limits_{k=1}^{m} (L_{jik} + P_{jik}) q_{1i}(t) q_{3k}(t) \\ +\rho A(\omega_x \omega_z - \dot{\omega}_y) g_j + \rho A a_z h_j = 0 \qquad (j = 1, 2, \cdots, n) \qquad (11.2.26\text{b}) \\ \rho V_j \ddot{q}_{3j}(t) + \rho \sum\limits_{i=1}^{n} \sum\limits_{k=1}^{n} U_{jik} \ddot{q}_{1i}(t) q_{2k}(t) + \rho \sum\limits_{i=1}^{n} \sum\limits_{k=1}^{n} U_{jik} \dot{q}_{1i}(t) \dot{q}_{2k}(t) \\ +\rho \omega_y \sum\limits_{i=1}^{n} R_{ji} \dot{q}_{1i}(t) + \rho \omega_z \sum\limits_{i=1}^{n} R_{ji} \dot{q}_{2i}(t) + \rho \dot{\omega}_y \sum\limits_{i=1}^{n} R_{ji} q_{1i}(t) \\ +\rho \dot{\omega}_z \sum\limits_{i=1}^{n} R_{ji} q_{2i}(t) - G N_j q_{3j}(t) + \rho \dot{\omega}_x Q_j = 0 \qquad (j = 1, 2, \cdots, m) \qquad (11.2.26\text{c}) \end{cases}$$

与常微分方程组（11.2.26）相配套的初始条件可以表达为

$$q_{1j}(0) = \frac{1}{a_j} \int_0^l f_{1j}(x) v(x, 0) \mathrm{d}x \qquad (j = 1, 2, \cdots, n) \tag{11.2.27}$$

$$\dot{q}_{1j}(0) = \frac{1}{a_j} \int_0^l f_{1j}(x) \dot{v}(x, 0) \mathrm{d}x \qquad (j = 1, 2, \cdots, n) \tag{11.2.28}$$

$$q_{2j}(0) = \frac{1}{a_j} \int_0^l f_{1j}(x) w(x, 0) \mathrm{d}x \qquad (j = 1, 2, \cdots, n) \tag{11.2.29}$$

$$\dot{q}_{2j}(0) = \frac{1}{a_j} \int_0^l f_{1j}(x) \dot{w}(x, 0) \mathrm{d}x \qquad (j = 1, 2, \cdots, n) \tag{11.2.30}$$

$$q_{3j}(0) = \frac{1}{V_j} \int_0^l f_{3j}(x) \alpha(x, 0) \mathrm{d}x \qquad (j = 1, 2, \cdots, m) \tag{11.2.31}$$

$$\dot{q}_{3j}(0) = \frac{1}{V_j} \int_0^l f_{3j}(x) \dot{\alpha}(x, 0) \mathrm{d}x \qquad (j = 1, 2, \cdots, m) \tag{11.2.32}$$

根据式（11.2.27）～式（11.2.32）确定出各广义坐标和广义速度的初始值后，再应用 Matlab ode45 solver[3]求常微分方程组（11.2.26）初值问题的数值解，即可得到各广义坐标对应于不同时刻的数值，在此基础上，应用式(11.2.1)～式(11.2.3)就可以进一步求得梁的弹性运动响应。基于以上分析，可以将确定具有大范围空间运动的等截面圆柱悬臂梁的弹性运动响应的算法总结如下：

（1）由式（11.1.19）～式（11.1.27）分别确定出 ω_x、ω_y、ω_z、$\dot{\omega}_x$、$\dot{\omega}_y$、$\dot{\omega}_z$、a_x、a_y 和 a_z 随时间的变化规律；

（2）由式（11.2.4）选定假设模态函数 $f_{1i}(x)$ 和 $f_{2i}(x)$，由式（11.2.7）选定假设模态函数 $f_{3i}(x)$；

（3）由式（11.2.9）～式（11.2.18）、式（11.2.21）～式（11.2.25）分别计算出 a_j、b_j、c_{ji}、d_{ji}、e_{ji}、F_{ji}、g_j、h_j、L_{jik}、P_{jik}、N_j、Q_j、R_{ji}、U_{jik} 和 V_j 的值；

（4）由式（11.2.27）～式（11.2.32）分别计算出 $q_{1j}(0)$、$\dot{q}_{1j}(0)$、$q_{2j}(0)$、$\dot{q}_{2j}(0)$、$q_{3j}(0)$ 和 $\dot{q}_{3j}(0)$ 的值；

（5）应用 Matlab ode45 solver[3]求常微分方程组（11.2.26）初值问题的数值解，进而得到各广义坐标 $q_{1j}(t)$、$q_{2j}(t)$ 和 $q_{3j}(t)$ 对应于不同时刻的数值；

（6）最后应用式（11.2.1）～式（11.2.3）求得梁的弹性运动响应。

11.3　算　例

如图 11.1.1 所示，一根等截面弹性圆柱梁 OD 的一端固连于刚体 B，该刚体相对固定参考系 O_0XYZ 作空间一般运动，其运动方程为

$$\begin{cases} X = r_1 t \\ Y = r_2 t \\ Z = r_3 + r_4 \sin r_5 t \\ \psi = r_6 t \\ \theta = r_7 t \\ \varphi = r_8 t \end{cases} \tag{11.3.1}$$

式中，(X,Y,Z) 为刚体 B 的连体坐标系 $Oxyz$ 的坐标原点 O 在固定坐标系 O_0XYZ 中的直角坐标；(ψ,θ,φ) 为坐标系 $Oxyz$ 相对固定坐标系 O_0XYZ 的欧拉角；$r_1 = 4\text{m/s}$；$r_2 = 5\text{m/s}$；$r_3 = 8\text{m}$；$r_4 = 0.03\text{m}$；$r_5 = 2\text{rad/s}$；$r_6 = 3\text{rad/s}$；$r_7 = 4\text{rad/s}$；$r_8 = 6\text{rad/s}$。弹性圆柱梁 OD 的参数如下：梁的长度 $l = 1\text{m}$，半径 $R = 0.006\text{m}$，密度 $\rho = 7.866\times10^3\text{kg/m}^3$，弹性模量 $E = 2.01\times10^{11}\text{N/m}^2$，剪切弹性模量 $G = 8.23\times10^{10}\text{N/m}^2$。梁的初始状态为 $v(x,0)=0$，$\dot{v}(x,0)=0$，$w(x,0)=0$，$\dot{w}(x,0)=0$，$\alpha(x,0)=0$，$\dot{\alpha}(x,0)=0$，试确定该梁自由端中点的弹性运动响应 $v(l,t)$ 和 $w(l,t)$。

选定描述梁弯曲振动和扭转振动的假设模态函数的个数都为 1（即 $n = m = 1$），

应用 11.2 节中所述的算法，可以求得该梁自由端中点的弹性运动响应 $v(l,t)$ 和 $w(l,t)$，分别如图 11.3.1 和图 11.3.2 所示。

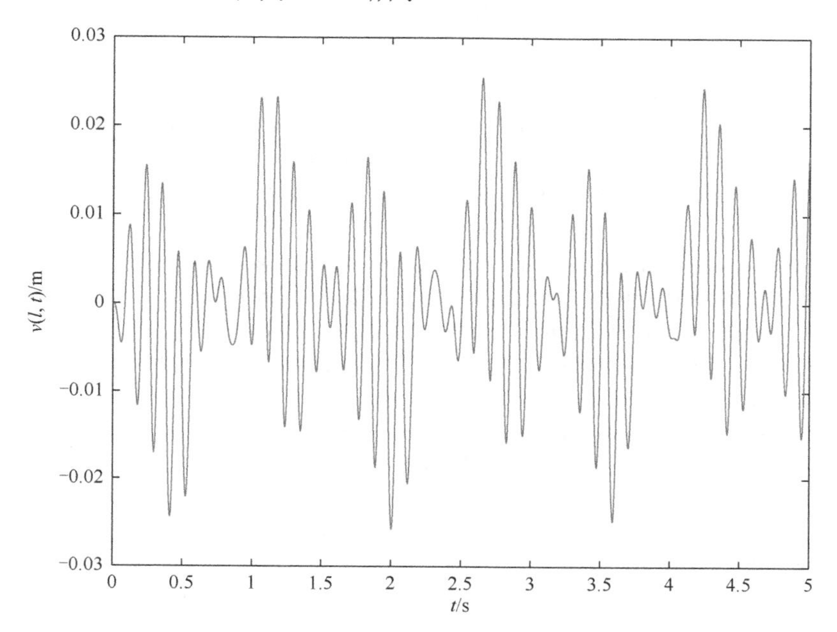

图 11.3.1　梁自由端中点的弹性运动响应 $v(l,t)$

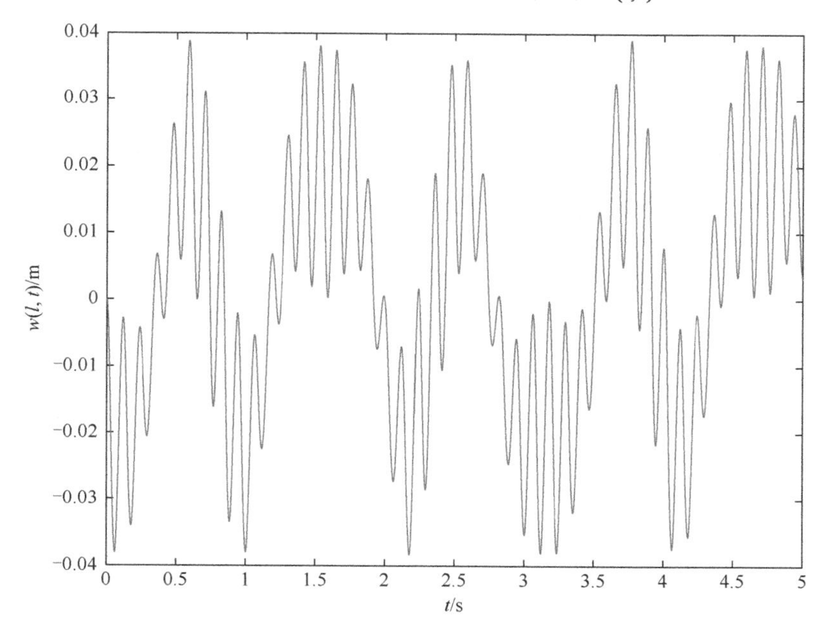

图 11.3.2　梁自由端中点的弹性运动响应 $w(l,t)$

参 考 文 献

[1] Hibbeler R C. Mechanics of Materials[M]. 10th Ed. New Jersey: Pearson, 2016.

[2] 张劲夫. 两端固定的等截面梁在均布载荷作用下的挠曲线[J]. 力学与实践，2018, 40(1): 96-97.

[3] 张志涌. 精通 MATLAB R2011a[M]. 北京: 北京航空航天大学出版社, 2011.

[4] 倪樵, 李国清, 钱勤. 材料力学[M]. 武汉: 华中科技大学出版社, 2006.

[5] 杨伯源, 李和平, 刘一华, 等. 材料力学(I)[M]. 北京: 机械工业出版社, 2002.

[6] Gere J M. Mechanics of Materials[M]. 5th Ed. California: Brooks/Cole Publishing Company, 2001.

[7] 张劲夫. 悬臂梁在轴向压力和横向力联合作用下的弯曲变形[J]. 力学研究，2022, 11(1): 11-16.

[8] 张劲夫. 旋转悬臂梁的挠曲线函数[J]. 应用力学学报, 2018, 35(3): 479-482.

[9] 张劲夫. 计入柔性梁动力刚化/软化效应的一种新方法[J]. 机械科学与技术，2017, 36(8): 1161-1166.

[10] 倪振华. 振动力学[M]. 西安: 西安交通大学出版社, 1989.

[11] Choi C K, Yoo H H. Stochastic modeling and vibration analysis of rotating beams considering geometric random fields[J]. Journal of Sound and Vibration, 2017, 388: 105-122.

[12] 赵立财, 李亮, 彭延辉. 材料力学[M]. 成都: 电子科技大学出版社, 2020.

[13] Zhang J F. The effect of internal axial forces of a cantilever beam with a lumped mass at its free end[J]. Coupled Systems Mechanics, 2018, 7(3): 321-331.

[14] 张劲夫, 秦卫阳, 谷旭东. 新编高等动力学[M]. 西安: 西北工业大学出版社, 2020.

作 者 简 介

张劲夫，男，1964 年 5 月生，工学博士，西北工业大学工程力学系教授。主要从事工程力学、动力学与控制的科研和教学工作，曾作为国家公派访问学者赴美国加州大学伯克利分校进行合作研究。先后主持和参与航空科学基金项目、国家自然科学基金项目、863 项目、航天科技创新基金项目等研究工作，其中所主持的科研项目“空间机械的四元数算法”获航空基础科学基金优秀项目二等奖。在国内外重要刊物上发表论文 80 余篇，部分研究成果被 SCI 和 EI 等收录。出版专著和教材 4 部。2008 年 9 月获西北工业大学最满意教师奖。